파괴사례로 본 **지반역학**

GEOMECHANICS OF FAILURES

파고사례로 본

지반역학

A.M. Puzrin · E.E. Alonso · N.M. Pinyol 저

조성하, 문준식 역

GEOMECHANICS
OF FAILURES

지반공학은 지반의 공학적 활용에 필요한 제반 이론들을 다루는 분야로서 지반의 역학적

특성을 이해하고, 실제 지반구조물들의 해석 및 설계, 시공 및 유지관리 등과 지반의 환경적

오염문제들을 연구한다.

Springer

저자 서문

입문서 수준의 이 책의 의도는 토질역학의 기본 개념이 지반사고 조사(forensic)의 도구로서 어떻게 기여하는지 보여주는 것이다. 사고 현상을 설명하기 위한 모델과 전개 과정을 차례로 설명함으로써 이해를 넓히고자 한다. 지반파괴(Geotechnical failure)란 지반공학적인 이유에 의해 구조물이 기능하지 못하는 것을 의미하는 것으로 이해하면 좋겠다.

여기서 선정된 지반파괴의 일부는 이미 지반공학 분야에서는 널리 알려진 사례다. 그 외는 필자가 직접 경험한 것인데, 파괴 특성에 따라 침하, 지지력, 굴착으로 구분하여 3부로 구성하였다. 이 세 가지는 지반기술자가 일상의 활동에서 접하는 것으로서 핵심 사항 위주로 서술할 것이다. 이 책을 통해 파괴에 대한 핸드북 수준의 이해를 도모하지는 않는다. 다만 기본적인 토질 역학의 개념이 어떻게 작용하는지 설명하는 것을 주목적으로 한다. 상대적으로 단순하게 보이는 접근 방법이 효과적으로 목적을 이루게 됨을 설명하고 싶다. 그렇더라도 꼭 다루어야 할 사항에 대해서는 심도 깊게 논의할 것이다. 유도과정을 상세하게 설명된 닫힌 형태해(closed-form solutions)도 제시하였다.

설명한 모든 경우에 설정된 가설과 수행한 해석을 자세하고 단계적으로 설명하였다. 8장에 걸쳐 지반 파괴 형태를 기술하였는데, 각 사례를 설명할 때 다음과 같은 골격을 유지하였다.

1. 사고 경위
2. 관련 이론
3. 이론 분석
4. 감소 대책
5. 사례 교훈

각 장은 독자적인 구성으로 이루어져 있다. 해당 장에서 소개한 사례에 대해 토질공학 원리와 사고 원인을 이해하고 설명하는 방법에 대해 기술하였다. 어떤 경우에는 기본 이론을 넘어 새로운 접근 시각을 가진 것도 있다.

파괴 사례 조사에서 흔히 제기되는 질문은 방지 대책이다. 실질적으로 매우 중요한 관심사이므로 각 장에서는 몇 개의 대책을 거론하였다. 각 장의 말미에는 사고 사례로부터 얻은 교훈을 제시하였다. 또한 관심 있는 독자를 위해 이 책에서 다루는 범위를 능가하는 심화된 주제에 대한 설명을 추가하였다.

아마도 독자는 토질역학과 기초공학에 대한 기본 개념에 익숙한 분일 것으로 생각한다. 지반공학적인 사고에 관심이 있어서 이 책을 접하는 독자는 토목공학과 지반공학 분야의 학생, 대학원생과 교수진, 전문가들일 것이다.

이 책을 저술하는 데 ETH Zurich에서 지반공학과 지반사고 조사공학에 대해 강의한 경험이 토대가 되었다. ETH Zurich의 Carlo Rabaiotti, Michael Iten, Stefan Annen, Erich Saurer, Andreas Schmid와 관계자 여러분께 그들의 헌신에 대해 감사를 표한다. Markus Schwager, Martina Baertsch, Simon Sauter, Pascal Minder는 원고를 준비하는 데 많은 도움을 주었다. 5장을 집필하는 데 바르셀로나 항만국의 Javier Uzcanga의 협조와 UPC의 Ricardo Madrid, Dani Tarragó의 협조를 잊을 수 없다. 또한 삽도 제작과 편집 과정에서 크게 도움을 준 Raúl Giménez와 María del Mar Obrador에게도 감사드린다.

2009. 12.

A.M. Puzrin, E.E. Alonso, N.M. Pinyol

Zürich, Barcelona

역자 서문

현대에는 컴퓨터를 이용한 수치해석기법이 발전하여 매우 복잡한 구조물의 역학적 거동까지 비교적 정확한 계산이 가능해졌다. 하지만 지반의 불확실성은 설계기준 이상의 자연재해를 제외하고는 토목 및 건축구조물의 붕괴의 가장 큰 원인으로 남아 있다. 지반 불확실성은 지금의 높은 기술 수준으로도 여전히 또한 완전히 극복하지 못하는 어려운 문제임에는 논쟁의 여지가 없지만, 어쩌면 컴퓨터에만 의존하여 관행적으로 진행되는 현대의 토목구조물 설계에서 지반 불확실성은 붕괴가 발생하였을 때 엔지니어에게 좋은 변명인지도 모르겠다.

우리나라의 지반공학 설계 및 시공 수준은 이제 국제적인 수준이라고 자부할 수 있다. 하지만 여전히 이해하기 힘든 구조물의 붕괴사례가 발생하고 있고 지반 불확실성으로 해명하는 것을 반복하고 있다. 우리나라 지반공학 엔지니어가 최첨단 수준으로 도약하기 위해서는 관행적인 설계에서 벗어나 역학의 기본원리와 지반공학적 불확실성을 고려하여 여러 붕괴 가능성을 평가할 수 있어야 한다. 공학적 문제가 발생하더라도 실패에서 배우기를 주저하지 말아야 한다.

역설적이지만 역자는 지반공학을 가장 빠르게 공부할 수 있는 방법은 많은 붕괴를 경험해 보는 것이라고 생각한다. 토질역학과 재료역학의 기본개념을 공부한 엔지니어가 놓치기 쉬운 불균질하고 이방성 특성을 가지는 지반의 거동을 이해하는 가장 빠른 방법은 역학의 기본원리에 근거하여 파괴사례를 분석하는 것이다. 본 서는 이러한 필요성에 대한 유용한 참고서적이라고 생각한다.

본 서는 독자들이 대표적인 지반구조물의 붕괴사례를 간접적으로 경험하게 해주고 붕괴원인 분석을 통해 지반공학의 기본원리를 설명한다. 세계적으로 널리 알려진 지반구조물 붕괴사례를 복잡한 수치해석이 아닌 "상대적으로 단순해 보이는" 수계산적인 접근 방법을 효과적으로 이용하여 분석할 수 있다는 것을 보여준다.

역자의 지도 교수님이 우리들에게 자주 강조하던 말씀이 있었다. "Back to the basics! 기본으로 돌아가라!" 지반공학 엔지니어에게 가장 중요한 덕목 중 하나가 아닐까 싶다. 지반공학의 기본에 충실한 본 서가 high-end 엔지니어로 도약하고 있는 한국의 지반기술자에게 중요한 참고서 중 하나가 되기를 기원한다.

2021. 2.

역자 일동

CONTENTS

PART I   **SETTLEMENTS**

CHAPTER **1**   **인접 구조물 사이의 상호거동**: 멕시코시티 메트로폴리탄 대성당   3

CHAPTER **2**   **일본 간사이 국제공항의 과도한 침하**   27

CHAPTER **3**   **이탈리아 피사의 사탑**   53

PART II   **BEARING CAPACITY**

CHAPTER **4**   **캐나다 트랜스코나 곡물 저장고 지지력 파괴**   81

CHAPTER **5**   **액상화에 의한 케이슨 파괴**: 스페인 바르셀로나 항만   103

PART III   **EXCAVATIONS**

CHAPTER **6**   **굴착 붕괴**: 싱가포르 니콜 고속도로   181

CHAPTER **7**   **터널 굴착 중 붕괴**: 스페인 보라스 스퀘어   217

CHAPTER **8**   **터널 굴착면 붕괴**: 스페인 플로레스타 터널   243

PART

I

SETTLEMENTS

CHAPTER 1

인접 구조물 사이의 상호거동:
멕시코시티 메트로폴리탄 대성당

Interaction between neighboring Structures:
Mexico City Metropolitan Cathedral, Mexico

1.1	사례 설명	4
1.1.1	시공	5
1.1.2	침하 이력	6
1.1.3	문제점	7
1.1.4	재하 이력	8
1.2	이론 배경	9
1.2.1	응력 발생	9
1.2.2	침하량 산정	11
1.2.3	시나리오 1: 사일로 A, B 동시 시공	13
1.2.4	시나리오 2: 사일로 A 시공 후 B 시공	14
1.2.5	시나리오 3: 사일로 A 철거 후 B 시공	15
1.2.6	결과 요약	16
1.3	거동 해석	17
1.3.1	단순 모델	17
1.3.2	압밀에 의한 침하	19
1.3.3	지하수위 저하에 의한 침하	20
1.3.4	결과 토론	22
1.4	침하량 저감 대책	22
1.5	사례 교훈	24
1.5.1	재하 이력	24
1.5.2	인접 구조물과의 이격 거리	24
1.5.3	지역적 지반침하	24
1.5.4	다른 종교 신의 진노	25
참고문헌		26

CHAPTER 1

인접 구조물 사이의 상호거동:
멕시코시티 메트로폴리탄 대성당

Interaction between neighboring Structures:
Mexico City Metropolitan Cathedral, Mexico

1.1 사례 설명

멕시코시티 메트로폴리탄 대성당(그림 1.1)은 아메리카 대륙에 세워진 웅장하고 중요한 건물 중 하나다. 16세기 아즈텍 제국(그림 1.2)의 수도인 테노치티틀란의 주변 호수를 메워 형성한 연약점토지반에 세워졌다.

그림 1.1 멕시코시티 메트로폴리탄 대성당과 엘 사그라리오 성당(© David Alayeto)

그림 1.2 고대 테노치티틀란(멕시코시티 국립 고고학 박물관 벽화에서 발췌 © Dr. Atl, 1930)

대성당과 주변 메트로폴리탄 엘 사그라리오 성당(El Sagrario parish church)은 수 세기 동안 심각하게 부등침하 현상을 겪었고, 현재 안정성을 크게 위협받고 있다.

1.1.1 시공

메트로폴리탄 대성당은 1560년경부터 공사가 시작되었다. 두꺼운 호상 점토와 모래층이 교대로 나타나는 연약지반 위를 매립한 후 얕은기초가 시공되었다. 격자 형태인 기초는 석재와 보를 3.5 m 두께로 만들었는데, 아래에는 30 cm 간격으로 짧은 말뚝을 박고, 그 위에 2 m 두께의 석재를 깔았다.

이러한 기초 형태는 현지에서 스페인 지배 이전의 관행이던 공법으로, 성당 건물은 석조로 시공되었다. 바닥면은 폭 60 m, 길이 125 m이고, 중앙 돔, 신도석 5개소, 동서방향으로 60 m를 종탑까지 연결한 구조다(그림 1.4). 이로써 지반에 건물 하중 166 kPa이 작용한다(Santoyo & Ovando, 2002).

메트로폴리탄 사그라리오 성당은 대성당보다 2세기가 지난 후인 1749년과 1768년에 시공되었다. 목재 말뚝을 30 cm 간격으로 박은 후 몰탈을 깔은 다음 1.2 m 두께의 석재를 놓아 기초지반으로 삼았다. 바닥은 길이 47 m 정도의 정방형으로 지반에 작용하는 하중은 132 kPa로 파악되었다.

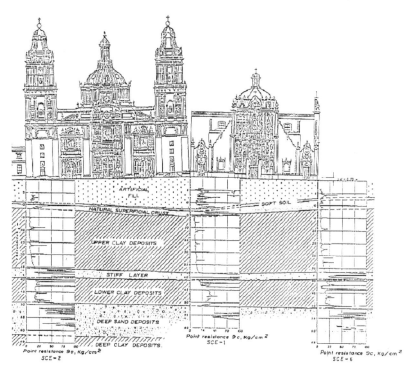

그림 1.3 메트로폴리탄 대성당과 엘 사그라리오 성당의 단면(Guerra, 1922. Vol. 24, No. 1-2, *ATP Bulletin, The Journal of the Association for Preservation Technology International*)

1.1.2 침하 이력

대성당은 건설 당시부터 부등침하를 겪어왔던 것으로 알려져 있다. 이는 현재 기초층의 두께가 다르고 보수가 거듭된 기둥 길이가 서로 차이가 있으며 석재에 쐐기가 설치되어 있는 것에서도 확인할 수 있다.

1907년에 시행된 측량조사에서 그림 1.4에서 보는 바와 같이 제단 뒤쪽의 반원형 부분(apse) 과 서탑과 부등침하가 1.5 m 정도인 것으로 나타났고, 1972년에는 2.2 m, 1990년에는 2.4 m까지 진행되었다. 서탑은 동탑에 비해 1.25 m 정도 침하가 발생하였다. 1989년 4월 집중강우 때에 건물 내부에서 누수가 발생하였는데, 이때 남동에서 북서방향으로 건물의 심각한 균열이 관찰되었다.

과거부터 기초 보강 작업이 진행되었음에도 불구하고 부등침하는 계속 증가하였다. 1930년과 1940년 사이에 기초를 보강하였고, 대형 뜬기초가 설치되었다. 일시적으로 대성당의 거동은 안정되었다. 1972년에 내부에서 하중을 조절할 수 있는 말뚝기초를 보강하는 작업이 진행되었다. 말뚝은 효과적으로 기능하여 대성당을 수평으로 유지하면서 안정을 찾게 되었으나, 실내에서 작업이 이루어져서 소정의 깊이까지 설치할 수 없는 한계로 인해 말뚝 자체에 결함이 생기거나 너무 짧게 설치되어 지지력을 충분히 확보할 수 없었다.

1.1.3 문제점

지반공학 분야에서는 다양한 요소에 의해 부등침하가 발생한다. 대성당 남측 정문과 엘 사그라리오 성당을 연결하는 측선에 배수관이 있었고, 엘 사그라리오 성당 동측에는 지하철 터널이 통과하고 있다(그림 1.4). 이로 인해 엘 사그라리오 성당의 남동측 방향의 기울음은 설명할 수 있으나, 대성당의 서측 기울음 현상을 설명하는 충분한 배경이 되지 못했다.

멕시코시티의 침하 현상을 야기하는 중요한 요소는 연약한 점토층에서 발생하는 압밀에 의한 지반침하(subsidence)다. 이는 대수층에서 지하수를 뽑아내면서 도시의 지하수위면이 급격하게 저하되는 것이 원인으로서 1972년 지표하 3.5 m에서 1990년 7.4 m로 변화하였다. 만약 도시 전체 지역에서 같은 심도로 지하수위면이 저하되었다면 현재와 같은 부등침하가 발생하였을까?

이러한 기현상은 대성당 하부에 분포하는 압축성이 큰 연약지반 두께가 불규칙하기 때문으로 설명된다(그림 1.3). 그러나 다른 사람의 연구 결과(Guerra, 1992)에 따르면 지반이 불규칙한 조건은 전체 부등침하량의 20% 정도에 해당하는 것으로 부분적인 설명이다. 보다 중요한 요인은 재하 이력(그림 1.5)에 따른 압축성 차이가 있고, 인접 구조물 사이의 상호관계가 더욱 주목을 받았으므로 여기에 초점을 맞추어 설명하고자 한다.

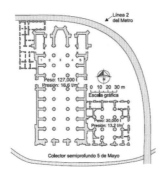

그림 1.4 대성당과 엘 사그라리오 성당 평면도(Santoyo & Ovando, 2002)

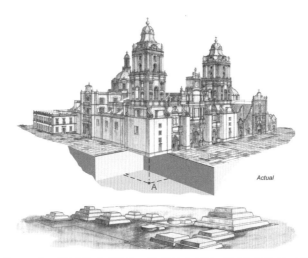

그림 1.5 1521년 8월 코르테스에 의해 파괴된 아즈텍 사원과 상부 대성당과 엘 사그라리오 성당과의 위치 관계(Santoyo & Ovando, 2002)

1.1.4 재하 이력

역사 기록에 의하면 대성당과 엘 사그라리오 성당은 고대 아즈텍 사원 위에 건설되었다. 아즈텍의 수도였던 테노치티틀란은 1521년 8월 스페인의 코르테스에 의해 점령된 후 사원이 파괴되었다. 그림 1.5에서 볼 수 있는 사원 중 가장 큰 피라미드 위치에 엘 사그라리오 성당이 건설되었다. 재하 이력(Loading History)을 통해 대성당과 인접한 엘 사그라리오 성당의 부등 침하와 상호거동 관계를 설명해보자.

1.2 이론 배경

인접한 두 구조물 사이에서 일어나는 상호작용을 이론적으로 설명하기 위해 그림 1.6a와 같은 사일로를 고려해보자. 2 m 정도 떨어진 두 개의 사일로는 바닥 면적이 10×10 m²이고 기초지반에 접지압이 $q = 200$ kPa로 작용하고 있다. 지하수위는 지표면에 위치하며 30 m까지 정규압밀점토층이 분포하고 하부에는 비압축성 암반이 존재한다. 사일로 간 상호거동을 설명하기 위해 다음과 같이 세 가지 시나리오를 상정해본다.

1) 사일로 A와 B가 동시에 시공됨
2) 사일로 A가 시공된 후 B가 시공됨
3) 사일로 A가 시공된 후 철거된 다음에 B가 시공됨

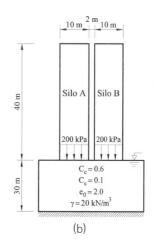

(a) (b)

그림 1.6 인접한 두 개의 사일로: (a) 붕괴가 발생한 상황(Bozozuk, 1976 © NRC Canada) (b) 시공 모식도

1.2.1 응력 발생

사각형 $a \times b$에 연직으로 분포하중 q가 작용할 때, 접지면 끝의 심도 z에서 발생하는 연직 응력 증가분 $\Delta \sigma_z$는 다음 식으로 쓸 수 있다.

$$\Delta\sigma_z = qJ(a,b,z) \tag{1.1}$$

여기서, J는 영향인자(influence factor)이며 다음과 같이 결정된다(Lang et al, 2007).

$$J = \frac{1}{2\pi}\left[\arctan\left(\frac{ab}{Rz}\right) + \frac{abz}{R}\left(\frac{1}{a^2+z^2} + \frac{1}{b^2+z^2}\right)\right] \tag{1.2}$$

여기서, $R^2 = a^2 + b^2 + z^2$이다.

　사일로 A에 의한 기초 바닥면의 중심인 점 E_1, E_2, E_3, E_4의 영향인자는 그림 1.7과 같이 중첩의 원리에 의해 결정한다. 식 (1.1)과 (1.2)로 구하는 응력 증가분은 접지면적의 끝의 영향인자를 고려한 것이기 때문에 접지면이 이보다 클 경우에는 중첩하여 산정한다.

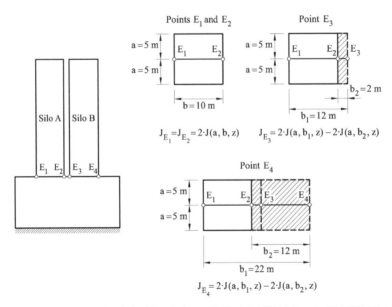

그림 1.7 중첩원리에 의한 가상 기초: 사일로 A의 하중에 의한 점 E_1~E_4의 영향인자 산정

　사일로에 의해 점 E_1, E_2에서 발생하는 지중 응력은 면적 10×10 ㎡을 5×10 ㎡인 접지면으로 분할하고, 분포하중 q가 작용하는 것으로 구한다. 점 E_1, E_2는 두 개로 나눠진 접지면을 끝단이

므로 식 (1.1)과 (1.2)를 직접 사용할 수 있다. 나눠진 면적으로 구한 영향인자는 합하여 전체 접지면에 대한 영향인자를 $J_{E_1} = J_{E_2} = 2J(5, 10, z)$가 된다.

사일로 하중에 의해 2 m 정도 떨어진 점, E_3에서 발생하는 연직응력 증가분은 실제 면적이 $10 \times 10 \text{ m}^2$인 것을 이격거리를 포함한 가상면적을 설정하고 각각 $5 \times 12 \text{ m}^2$인 접지면의 끝에서 동일한 방법으로 영향인자를 구한다. 실제로 하중이 가해지지 않은 $E_2 \sim E_3$ 사이의 면적을 빼줘야 하는데, 가상면적 $2 \times 10 \text{ m}^2$에 대한 영향인자를 구하기 위해서는 $5 \times 2 \text{ m}^2$에 대한 영향인자를 구한 후 2배 곱하는 방법을 적용한다. 전체 영향인자는 확장된 면적에 가상의 면적을 빼는 방식으로 $J_{E_3} = 2J(5, 12, z) - 2J(5, 2, z)$로 결정된다.

사일로 하중에 의해 12 m 정도 떨어진 점 E_4에서 발생하는 연직응력 증가분은 동일한 방법으로 영향인자를 구한다. $10 \times 10 \text{ m}^2$에서 12 m 떨어진 E_4점을 포함하는 가상면적에 대한 영향인자를 $J_{E_4} = 2J(5, 22, z) - 2J(5, 12, z)$로 결정한다.

1.2.2 침하량 산정

일반적으로 두께가 얇은 점토층에서 압밀에 의해 발생되는 최종 침하량은 유효응력 증가분 $\Delta \sigma'$을 하중으로 적용하여 산정한다. 그림 1.8에서 보면 압밀이 종료된 시점에서는 전응력 증가분과 유효응력 증가분은 동일하다.

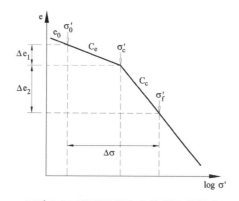

그림 1.8 과압밀된 얇은 층의 최종 침하량

$$\Delta \rho = \frac{\Delta H}{1+e_0}(\Delta e_1 + \Delta e_2) = \frac{\Delta H}{1+e_0}\left(C_e \log \frac{\sigma_c{}'}{\sigma_0{}'} + C_c \log \frac{\sigma_0{}' + \Delta \sigma}{\sigma_c{}'} \right) \tag{1.3}$$

여기서, $\sigma_0{}'$: 현장 정지토압

e_0 : 간극비

$\sigma_c{}'$: 선행압밀 응력

C_c : 압축지수

C_e : 팽창지수

ΔH : 층 두께

정규압밀점토($\sigma_c{}' = \sigma_0{}'$)의 침하량은 다음과 같이 구한다.

$$\Delta \rho = \frac{\Delta H}{1+e_0}\left(C_c \log \frac{\sigma_0{}' + \Delta \sigma}{\sigma_0{}'} \right)$$

심하게 과압밀된 점토($\sigma_c{}' > \sigma_0{}' + \Delta \sigma$)의 침하량은 다음과 같이 구한다.

$$\Delta \rho = \frac{\Delta H}{1+e_0}\left(C_e \log \frac{\sigma_0{}' + \Delta \sigma}{\sigma_0{}'} \right)$$

점토층의 두께가 깊은 경우에는 지중응력 $\sigma_c{}'$, $\sigma_0{}'$, $\Delta \sigma$는 깊이에 따라 일정하지 않다. 이 경우 $\sigma_c{}'$, $\sigma_0{}'$, $\Delta \sigma$가 일정할 수 있는 얇은 층으로 나누어 합산($\Delta \rho = \sum \Delta \rho_i$)하는 방식으로 전체 침하량을 산정한다.

1.2.3 시나리오 1: 사일로 A, B 동시 시공

그림 1.9는 시나리오 1의 경우에 어떻게 침하량을 산정하는 지를 나타낸 것이다. 표시 방법을 설명하자면, $\Delta\sigma_{A3}$은 기초 A에 의해 E_3 지점에서 발생하는 응력 증가분이고, Δe_3는 E_3 점의 간극비 변화량으로서 E_3 지점의 침하를 유발한다.

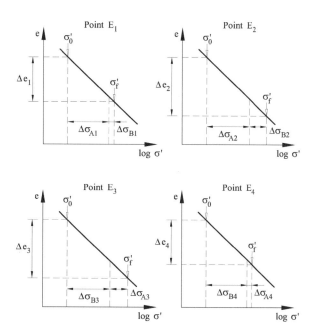

그림 1.9 시나리오 1의 얇은 층의 침하량 도해적 산정 개념

식 (1.1)과 그림 1.7에서 대칭의 원리에 의해 다음과 같은 식이 되는데, 이는 세 가지 시나리오에 동일하게 적용된다.

$$\Delta\sigma_{A1} = \Delta\sigma_{A2} = \Delta\sigma_{B3} = \Delta\sigma_{B4} = \Delta\sigma \tag{1.4}$$

$$\Delta\sigma_{A4} = \Delta\sigma_{B1} < \Delta\sigma_{B2} = \Delta\sigma_{A3} < \Delta\sigma \tag{1.5}$$

시나리오 1에서 그림 1.9에 따르면 $\Delta e_2 = \Delta e_3 > \Delta e_4 = \Delta e_1$으로 침하가 발생하고, 그림

1.6b에서 10 m씩 구분하여 3개 층으로 나누면 다음과 같이 침하량을 산정할 수 있다.

$$\rho_2 = \rho_3 = 141.3 \text{ cm} > \rho_4 = \rho_1 = 108.2 \text{ cm}$$

점 E_1의 침하량을 수식을 사용하여 구하면 표 1.1과 같다.

표 1.1 점 E_1의 침하량

i (-)	z_i (m)	ΔH_i (m)	γ' (kN/m³)	σ_0' (kN/m²)	$\Delta\sigma_{A1}$ (kN/m²)	$\Delta\sigma_{B1}$ (kN/m²)	$\Delta\sigma_{tot}$ (kN/m²)	$\Delta\rho$ (cm)
1	5	10	10	50	80	1	81	83.6
2	15	10	10	150	29	6	35	18.2
3	25	10	10	250	13	6	19	6.4
							총합	108.2

위 표 1.1에서 $\Delta\sigma_{A1} = q \cdot 2 \cdot J(a = 10\,\text{m}, b = 5\,\text{m})$

$$\Delta\sigma_{B1} = q \cdot [2 \cdot J(a = 22\,\text{m}, b = 5\,\text{m}) - 2 \cdot J(a = 12\,\text{m}, b = 5\,\text{m})]$$

$$\Delta\sigma_{tot} = \Delta\sigma_{A1} + \Delta\sigma_{B1}$$

1.2.4 시나리오 2: 사일로 A 시공 후 B 시공

그림 1.10은 시나리오 2에서 침하량을 구하는 방식을 설명한 것이다. 각각의 점과 동일하게 적용되는데, σ_A'은 사일로 A가 시공된 후의 유효응력이고, σ_f'는 사일로 B까지 시공된 후의 유효응력이다.

응력 증가분은 식 (1.4)와 (1.5)의 개념을 적용할 수 있고, 간극비 증가는 시나리오 1과 같이 $\Delta e_2 > \Delta e_1$이 된다. 그러나 Δe_3과 Δe_4의 경우에는 다른 값을 보이는데, 이는 (a) 사일로 B는 같은 평면에 시공되기 때문에 시공 전에 이미 발생한 침하된 것을 포함되지 않았고 (b) $\Delta\sigma_{B3} = \Delta\sigma_{B4} = \Delta\sigma$로 응력 증가분이 같지만 초기 응력 σ_A'이 가해질 때 비선형 거동(로그곡선)으로 인해(하중 축선상 $\Delta\sigma_{B3}$가 $\Delta\sigma_{B4}$에 비해 작음) 간극비 변화량 Δe이 크지 않기 때문이다. 시나리오 2에서 발생하는 침하량은 다음과 같다.

$$\rho_1 = 108.2\,\text{cm} < \rho_2 = 141.3\,\text{cm} \qquad \rho_3 = 72.8\,\text{cm} < \rho_4 = 101.3\,\text{cm}$$

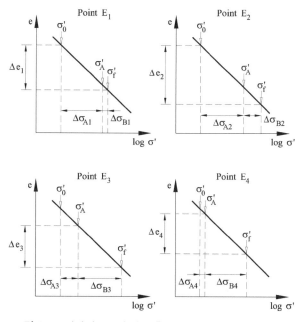

그림 1.10 시나리오 2의 얇은 층의 침하량 도해적 산정 개념

1.2.5 시나리오 3: 사일로 A 철거 후 B 시공

그림 1.11은 시나리오 3의 침하량을 구하는 개념도. 사일로 하중에 의해 σ_0'에서 σ_A'로 변화한 후, 제하에 의해 σ_0'로 되돌아가서 점토층은 정규압밀 상태에서 과압밀 상태로 되어 σ_A'는 선행압밀 응력이 된다. 이 응력이 클수록 Δe는 작아져서 $\Delta\sigma_{B3} = \Delta\sigma_{B4} = \Delta\sigma$가 된다. 그림 1.6b의 세 개 층으로 구분하여 산정한 사일로 B에서 발생하는 침하량은 다음과 같다.

$$\rho_3 = 45.8\,\text{cm} < \rho_4 = 97.2\,\text{cm}$$

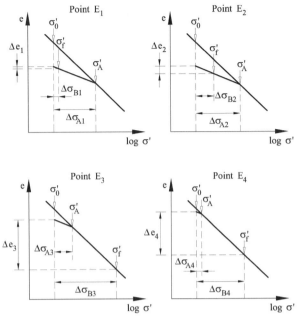

그림 1.11 시나리오 3의 얇은 층의 침하량 도해적 산정 개념

1.2.6 결과 요약

앞에서 검토한 세 가지 경우의 결과를 그림 1.12에 나타내었다. 두 개의 사일로가 동시에 시공되어 단순 중첩에 의해 응력을 산정하는 시나리오 1에서는 부등침하량이 대칭형태인 $\Delta = 33$ cm로 산정되었다.

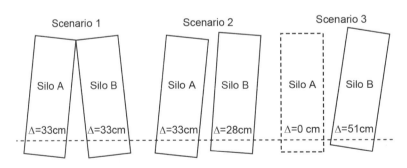

그림 1.12 두 개의 사일로 간 상호거동 분석 결과

두 개의 사일로가 순차적으로 시공되는 시나리오 2는 비대칭 형태의 부등침하량을 보이는데, 그림에서 보면 차가 뚜렷하지 않다. 비대칭이라는 용어는 설명을 위해 단순화시킨 것으로서 사일로 B는 사일로 A가 시공되었을 때 이미 발생했던 지반침하를 고려하지 않고 동일한 평면에 놓인 상태라고 가정하고 산정한 것이다. 그런데도 사일로 B에 왜 부등침하가 발생하는 것일까. 만약 기초지반의 흙이 탄성 선형 거동을 보인다면 접지압도 동일하여 부등침하는 없을 것이다. 응력－간극비가 로그 곡선의 비선형 거동을 보이는 것이 의미하는 것은 사일로 A와 가까운 지점과 같이 초기응력이 클 때 같은 응력 증가분이라 하더라도 상대적으로 간극비 변화가 작다는 것이다. 다시 말해서, 재하 전에 초기 응력이 가해져서 조밀한 상태인 경우는 압축성이 이미 작아진 상태가 된다.

시나리오 3의 경우도 매우 중요한 의미를 갖는다. 재하 전에 사일로 B는 동일한 접지압이 가해지는 상태다. 그러나 사일로 A에 근접한 부분은 과거에 응력이 크게 작용했던 영향으로 조밀할수록 압축성이 낮다. 따라서 사일로 B의 양측이 현저하게 침하량이 다른 상황을 초래한다.

또한 계산상으로는 사일로 간격이 1 m만 늘어나도 부등침하량은 30%까지 감소할 수 있다는 것도 주목할 필요가 있다.

1.3 거동 해석

위 근접한 사일로의 거동분석 사례로부터 멕시코시티 대성당의 부등침하를 이해할 수 있는 이론적 배경을 가질 수 있다.

1.3.1 단순 모델

대성당과 엘 사그라리오 성당의 위치 형태를 그림 1.13a와 같이 단순화시켰다. 아즈텍 피라미드는 엘 사그라리오 성당이 위치한 곳과 일치하고, 각 건물로 인해 작용하는 평균 접지압은 그림 1.13b와 같다. 이때 석조 피라미드의 높이는 20 m로 가정하였고, 석재의 단위중량, γ는 25 kN/m³으로 보았다. 개략적인 지층조건은 그림 1.14a와 같고, 대표적인 압밀실험결과를 그림 1.14b에 나타내었다(1950곡선).

$$e_0 = 7.0, \ C_c = \frac{e_2 - e_1}{\log(\sigma_2/\sigma_1)} = \frac{4.8 - 2.4}{\log(600/200)} = 5.0, \ C_e = \frac{3.1 - 2.6}{\log(100/10)} = 0.5$$

그림 1.14b에서 두 개의 곡선은 같은 위치에서 1950년과 1986년 사이의 34년 차이로 채취된 시료를 사용한 것으로서 대수층의 지하수 유출에 따른 점토의 간극비 변화를 보여주고 있다. 압축지수와 팽창지수는 압밀의 영향을 받지 않음을 주목할 필요가 있다.

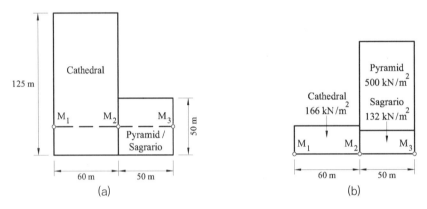

그림 1.13 단순화된 구조 모델: (a) 평면도 (b) 접지압

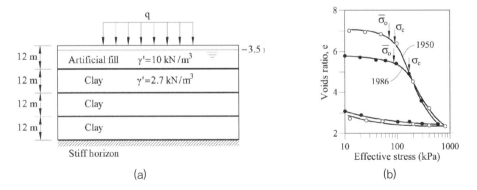

그림 1.14 지반 해석 모델: (a) 개략 지층구조 (b) 압밀실험 자료(Méndez, 1991; Ovando-Shelley et al., 2003)

1.3.2 압밀에 의한 침하

그림 1.13a에서 표시한, M₁, M₂, M₃ 지점의 압밀로 인한 최종 침하량을 구하기 위해 지층을 각 12 m씩 3구간으로 나누고(그림 1.14a), 다음의 과정으로 수행하였다.

- 1단계: 피라미드($\Delta\sigma_P$)가 건설 후 제거되고, 평지에서 대성당($\Delta\sigma_C$)가 시공됨(그림 1.15)
- 2단계: 대성당에 인접하여 엘 사그라리오 성당($\Delta\sigma_S$)가 세워짐(그림 1.16)

그림 1.15와 1.16에서 사용된 첨자 규약은, $\Delta\sigma_{S3}$는 엘 사그라리오 성당이 세워지면서 점 M₃에서의 응력 증가분이고, 침하량을 유발하는 요인이다. 점 M₁~M₃에 대한 $\sigma_0{}'$과 $\sigma_f{}'$은 각각 초기와 시공단계 유효응력에 해당한다.

압밀에 의해 발생한 침하량을 계산하여 표 1.2에 나타내었다. 대성당에서 산정된 부등침하량이 실제 관찰내용보다 크게 나타났는데, 단지 재하 이력만으로는 충분히 설명하기 어렵다. 이는 침하량 일부가 시공 중에 발생하였기 때문이라고 생각한다. 엘 사그라리오 성당의 경우에는 실측량보다 현저히 작게 산정되어 재하 이력 외에 다른 요인이 개재되었을 것으로 보인다.

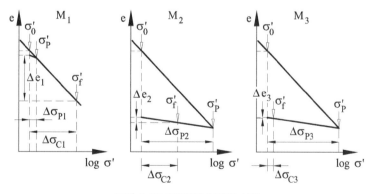

그림 1.15 1단계의 침하량 산정

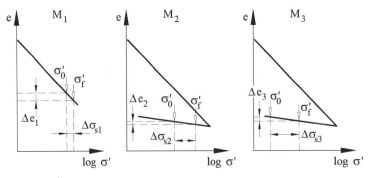

그림 1.16 2단계의 침하량 산정

표 1.2 대성당과 엘 사그라리오 성당의 침하량 산정 결과

Settlement(cm)	Cathedral		El Sagrario	
	M_1	M_2	M_2	M_3
Stage I	279.7	29.5	–	–
Stage II	3.5	16.1	16.1	21.1
Total	283.2	36.7	16.1	21.1
Differential	246.5		5.0	
Measured in 1990	125.0		50.0	

1.3.3 지하수위 저하에 의한 침하

지하수위면이 하강하면서 대성당과 엘 사그라리오 성당의 기초지반이 얼마나 침하되었는지 살펴보자.

• 3단계: 1972년부터 1990년까지 전반적으로 4 m가 하강한 경우

수위 변동에 따른 침하 산정을 위해 그림 1.17과 같이 응력변화를 설정하였다. 점 M_1~M_3에 대한 $\sigma_0{}'$과 $\sigma_f{}'$은 각각 지하수위면 하강의 전후의 유효응력을 의미한다. 지하수위 하강에 따른 응력 증가분 $\Delta\sigma_G$가 동일하게 발생하였다 하더라도 위치마다 과거 응력 상태가 다르기 때문에 부등침하가 발생한다.

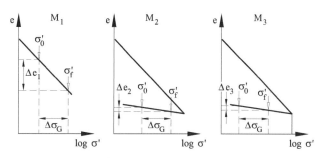

그림 1.17 2단계의 침하량 산정

점 M_1은 점토가 정규압밀 상태인 반면, M_2는 과거 피라미드 하부이기 때문에 과압밀된 상태여서 침하량도 작게 발생한다. M_2는 M_3에 비해 과압밀 정도가 커서 침하량이 작다. 따라서 재하 이력에 따라 다짐 정도가 달라 동일한 응력 증가분 $\Delta\sigma_G$가 있더라도 부등침하 양상을 보이는 것이다. 수학적으로는 응력 – 간극비 관계가 로그곡선을 보이는 것에 따른다.

지하수위 하강에 따라 발생할 수 있는 침하량을 산정하여 표 1.3에 나타내었다. 표에서 보면 대성당을 건설할 때 부등침하량이 보상되었다 하더라도 지하수위 하강에 따른 침하량은 현저함을 보이고, 관찰된 값에 육박하고 있다. 엘 사그라리오 성당에서 산정된 부등침하량은 실제보다 작게 나타났는데, 지하수위 하강으로만은 설명이 불충분하다.

표 1.3 지하수위 4 m 하강을 고려한 침하량 산정 결과

Settlement(cm)	Cathedral		El Sagrario	
	M_1	M_2	M_2	M_3
Stage II	133.4	11.5	11.5	14.3
Differential	122.0		2.8	
Measured in 1990	125.0		50.0	

엘 사그라리오 성당에 근접하여 그림 1.4에서 보는 바와 같이 지하철 공사가 있었다. 터널 굴착 시 굴착면 내부로 일시적으로 지하수가 배수되므로 M_3 부근에서 국부적인 지하수위 저강(local depression)의 영향을 받을 수 있다. 관찰된 바에 따르면 해당 지점에서 9 m 정도의 수위 하강이 있었고, 이는 약 50 cm 정도의 부등침하가 추가될 수 있다.

1.3.4 결과 토론

멕시코시티 대성당을 대상으로 개략적인 부등 침하양상을 검토하였지만 정확한 추정 방법이라고 주장하기는 어렵다. 단지 건축 시점이 다른 두 건물 사이의 상대적인 영향 정도, 재하 이력과 전반적과 국부적인 지하수위 하강에 따른 영향을 살펴볼 수 있었다. 지하수위면 변화에 따른 영향은 엘 사그라리오 성당의 경우가 더 컸다. 대성당에서 산정한 침하량보다 실측된 침하량이 적은 것은 공사 중 또는 이후에 지속적으로 보완 작업이 있었기 때문이라고 생각한다.

개략적인 검토 방법이라 할지라도 대성당과 엘 사그라리오 성당의 부등침하 양상을 살펴보는 데에 유용하였다. 이는 지반 파괴를 야기하는 복잡한 과정을 단순한 방법으로 이해할 수 있는 점을 시사하고 있다.

1.4 침하량 저감 대책

부등침하를 억제하기 위한 대책으로 1990년에 네 가지 방안이 제시되었다. 1) 추가로 1,500개 정도의 말뚝기초를 설치하는 안은 기초를 설치할 공간이 부족하고 충분한 지지력을 확보할 수 없다는 이유로 적용할 수 없었다. 2) 직경 2.4 m의 대형 현장타설 말뚝을 240개 정도로 심도 60 m까지 설치하는 안은 경제성이 결여되었다. 3) 주변에 불투수 벽체를 설치하고 지속적으로 물을 공급하여 수위를 회복하게 함으로써 주변 지반침하와 독립시키고자 하는 대안은 효과에 비해 에너지가 너무 많이 들어서 곤란하였다.

마지막으로 4번째 안은 그림 1.18과 같이 성당 주변에 대형 수직구를 설치한 후 내부에서 수평에 가깝게 10 cm 직경으로 소성 점토로 구성된 기초지반을 천공하는 것이다. 천공된 부분이 함몰되면서 지표면에 침하를 유발시키는 방식으로 구조물의 부등침하를 조절하여 구조물의 변형을 막는 방식이다. 그림 1.19는 각 수직구에서 천공을 배토된 흙의 양을 나타낸 것이다. 1999년 9월까지 최대로 발생한 침하량은 88 cm이었다.

하부를 굴착하여 침하를 유발시키는 것은 1934년도의 조건을 형성하여 대대적인 보수를

하기 위함이었다. 대성당 주변 지반의 침하 양상를 고려할 때 앞으로도 20~25년 기간을 두고 강제적으로 침하를 발생시킬 것 같다. 하부 지반에 추가로 주입하여 압축성을 감소시킴으로써 추가공사 후 구조물의 변형량은 미소하거나 무시할 정도가 되었다. 그림 1.20과 같이 수압할렬 방식으로 약 5,190 ㎥ 정도의 주입재가 투입되어 연간 침하량은 감소되었다.

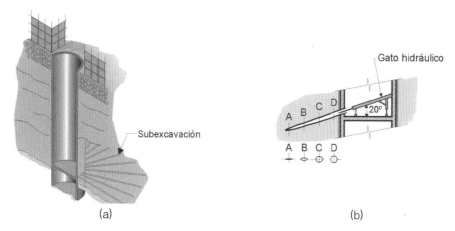

그림 1.18 하부 굴착에 의한 토사 제거: (a) 수직구 (b) 천공에 의한 주변 지반침하 유발(Santoyo & Ovando, 2002)

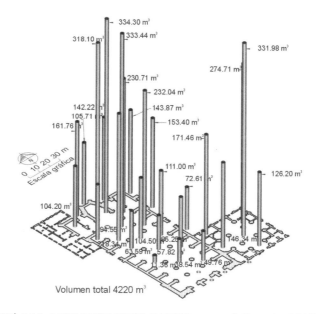

그림 1.19 수직구 위치와 제거된 토사량(Santoyo & Ovando, 2002)

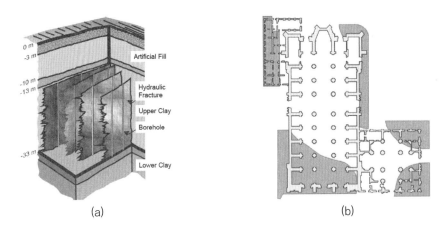

(a)   (b)

그림 1.20 주입공법: (a) 수압할렬 (b) 주입 범위(Santoyo & Ovando, 2002)

1.5 사례 교훈

1.5.1 재하 이력

과거 공사와 현재의 공사에 따른 재하 이력은 주변 구조물 기초지반의 압축성을 변화시킴으로써 부등침하 형태를 결정하는 주요 요인이 된다.

1.5.2 인접 구조물과의 이격 거리

인접한 구조물과 떨어진 거리는 상호 작용에 매우 중요한 요인이다. 지중응력 분포도에서 보면 이격 거리에 따라 응력이 급격하게 저감되고, 어느 정도 떨어지면 서로 간에 미치는 영향이 매우 작거나 무시할 정도가 된다.

1.5.3 지역적 지반침하(Regional Subsidence)

지하수위 저하의 원인으로 지역적으로 넓은 범위에서 상대적으로 균등한 침하가 있다 하더라도, 문제가 되는 지점의 과거 재하 이력과 연관된 흙의 압축성이 다르기 때문에 부등침하를 유발할 수 있는 요인이 된다.

1.5.4 다른 종교 신의 진노

비전문가이겠지만 일부 사람들은 대성당이가 원래 있었던 아즈텍 사원을 파괴하고 세워진 것이기 때문에 아즈텍 신의 복수라고 여기는 사람이 있다. 만약 그렇다면 아즈텍 신은 지반공학을 무기로 사용한 것이다.

참고문헌

Bozozuk, M. (1976) Tower silo foundations. *Canadian Building Digests, CBD*-177, Institute for Research in Construction, National Research Council Canada, pp.4

Guerra, S.Z. (1992) Severe soil deformations, leveling and protection at the Metropolitan Cathedral in Mexico City. *APT Bulletin* 24 (1/2), 28-35.

Lang, H.J., Huder, J., Amann, P. and Puzrin, A.M. (2007) *Bodenmechanik und Grundbau*. Springer Verlag, Berlin, pp.354

Méndez, E. (1991) Evolución de las propiedades de la arcilla de la Ciudad de México. *B. Sc. Thesis*, Escuela Superior de Ingeniería y Arquitectura, Instituto Politécnico Nacional, Mexico.

Ovando-Shelley, E., Romo, M.P., Contreras, N. and Giralt A. (2003) Effects on soil properties of future settlements in downtown Mexico City due to ground water extraction. *Geofísica Internacional* 42 (2), 185-204.

Santoyo, E. and Ovando, E. (2002) Paralelismo entre: la Torre de Pisa y la Catedral de México. *Proceedings of the International Workshop ISSMGETechnical Committee TC36: Foundation Engineering in Difficult Soft Soil Conditions*. Mexico City, pp.34

2.1	사례 설명	28
	2.1.1 개요	28
	2.1.2 시공	29
	2.1.3 침하 이력	30
	2.1.4 문제점	31
	2.1.5 관측법	32
2.2	1차원 이론	33
	2.2.1 즉시 침하	34
	2.2.2 1차원 압밀에 의한 침하	35
	2.2.3 2차 압축(creep) 침하	37
	2.2.4 전 침하량	38
	2.2.5 침하계측 자료의 역해석	39
2.3	거동 분석	39
	2.3.1 단순 모델	39
	2.3.2 설계 당시 예측	41
	2.3.3 초기 침하량 수정	42
	2.3.4 배수 경로 길이 수정	43
	2.3.5 2차 압축 수정	44
	2.3.6 전 침하량 예측	46
	2.3.7 결과 토론	47
2.4	침하 감소 대책	47
2.5	사례 교훈	49
	2.5.1 심대한 불확정성	49
	2.5.2 즉시 침하	49
	2.5.3 배수 제한	49
	2.5.4 2차 압축	49
	2.5.5 관측법	50
참고문헌		51

일본 간사이 국제공항의 과도한 침하

Unexpected Excessive Settlements:
Kansai International Airport, Japan

2.1 사례 설명

2.1.1 개요

일본 오사카만에 있는 간사이 국제공항(KIA)은 미국 토목공학회가 선정한 '새천년 기념비적 구조물' 10개 토목 구조물 중의 하나로 선정되어 20세기 삶에 큰 영향을 주었다(그림 2.1a). 좀 거창하게 얘기한다면 공항 건설 역사상 파괴에 가까운 문제점을 극복하여 괄목할 만한 성과를 거두었다. 해상에 건설된 인공섬으로서 규모가 1.25×4 km에 달하며(그림 2.1b), 연안 5 km가 평균 수심이 18 m인데 초기 단계에서 과도한 침하가 발생하였다. 이 침하량은 설계 시나 시공 중에도 정확히 예측할 수 없었고, 공기가 지연되어 총 공사비는 140억 달러에 이르게 되었다.

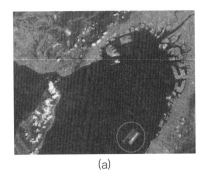
(a)
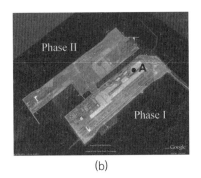
(b)

그림 2.1 간사이 국제공항(ⓒ Google Earth): (a) 오사카만 (b) 1, 2단계 인공섬

2.1.2 시공

간사이 국제공항 건설공사 1단계는 1987년에 시작하여 1991년에 종료되었다. 이후 설비공사를 진행한 후 1994년부터 상업운영이 개시되었다. 처음 5년간 공사에서 해저면에서 33 m 높이까지 매립된 토사는 18억 m³에 달했고 하부 지반은 1,200 m까지 퇴적지반이다(그림 2.2). 상부 160 m까지가 압축성 지반이고 최상부 20 m는 충적세(Holocene) 하상 연약 점토층이며 하부는 홍적세(Pleistocene)에 퇴적된 모래와 점토층(Ma 7-12, Ma는 해성 점토, marine clay를 의미함)이 반복되고 있다.

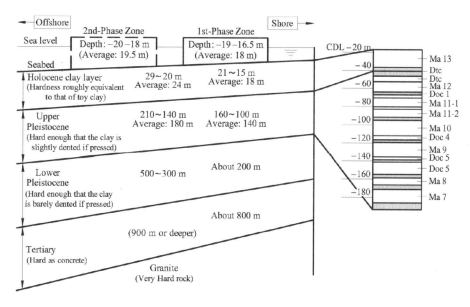

* 흑색부: 모래층, 백색부: 점토층

그림 2.2 건설부지 지층 단면(Akai et al., 1995; Akai & Tanaka, 1999; ⓒ Taylor & Francis Group. 사용 허가; KALD, 2009)

공사 순서는 인공섬이 시공될 면적을 대상으로 해저 상부 20 m를 대상으로 수직 샌드드레인을 시공하여 매립 시 다짐이 빨라지도록 하였다. 다음으로 그림 2.3과 같은 단면의 호안을 부지 주면을 따라 시공하였다. 내부는 몇 개의 오사카 지역에서 준설된 사질계열의 토사로 먼저 해수면 3 m 아래까지 매립하였다. 이후 호안에 앵커링된 대형 바지선 4개를 사용하여 소형 바지선에서 운반된 토사를 모아 해수면 상부 4 m까지 매립공사를 시행하였다. 이 높이는 공항 운영 시 일본에서 9월에 내습하는 태풍으로 발생하는 조위에도 지장이 생기지 않도록 하는 계획이었다.

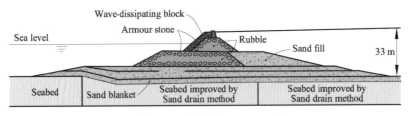

그림 2.3 호안 단면(KALD, 2009)

공사 과정 중에서 특기할 점을 두 가지로 들 수 있다. (1) 하부 홍적세 점토층에 대해서는 심도가 너무 깊어 별도의 압밀촉진 공법이 적용되지 않았고, 대신에 가능한 한 발생 침하량을 정확히 측정하려고 노력하였다. (2) 최종 매립이 완료된 후 매립토를 운반하는 바지선이 내부로 들어갈 수 없었기 때문에 건설 당시의 동일한 방법으로 추가 매립을 시행할 방법이 없었다. 이러한 점은 계획과 설계 단계에서 홍적세 층이 추가로 압밀에 의해 부지가 침하되는 경우를 고려하지 않았다는 의미다.

2.1.3 침하 이력

수직 드레인 공법이 적용된 충적세층 상부 20 m는 시공 도중에 거의 90% 압밀되어 침하량은 6 m 정도가 발생하였다(Handy, 2002). 이 점은 설계 당시에도 예측되어 내부 성토와 호안도 미리 6 m 정도를 높게 시공하였다. 그러나 완만한 속도로 발생한 하부 홍적세 점토층의 추가 침하량에 대해서는 충분하게 고려하지 못했다(그림 2.4). 1999년까지 즉시 침하는 1 m 정도, 연간 15 cm 정도의 추가 침하량은 전부 5 m 정도로 발생하였다. 건설 당시 여성토층은 즉시 침하와 홍적세층의 압밀침하량 일부만을 담당할 수 있었다.

원 설계에서는 홍적세 점토층의 침하량을 상정하지 않았다. 이 층에서의 침하가 발생하여 전체 부지에서 추가 침하량이 발생하고 있다는 사실이 확실해지자, 그림 2.4와 같이 침하량을 재평가하려는 시도가 있었다(Endo et al., 1991). 이 평가에서는 공사 초기 현장에서 측정된 자료를 근간으로 하였으나 정확한 예측치를 제공할 수 없었다. 분석을 거듭하여 새로운 사실이 확인되었다. 첫째로 즉시 침하량이 예측보다 훨씬 크게 발생했다. 다음은 압밀이 시작된 시점부터 예측보다 매우 느리게 침하가 발생하는 것이었다. 마지막으로 압밀이 종료될 것으로 예상된 시점 이후에도 발생 속도가 늦춰지지 않는다는 점이다.

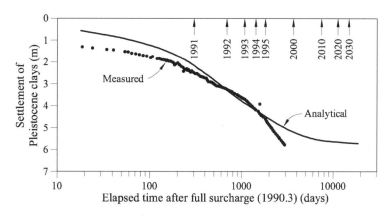

그림 2.4 홍적세 점토층의 압밀로 인한 인공섬의 침하량 발생(그림 2.1b의 A점) (Endo et al., 1991; Akai & Tanaka, 1999; © Taylor & Francis Group)

2.1.4 문제점

간사이 국제공항 건설 시 침하량을 예측하는 데 다양한 요인이 영향을 미쳤다. 이 책에서는 앞서 언급한 즉시 침하, 초기 완만한 침하 진행률, 상부 홍적세 점토층의 압밀 종료 시 신속한 압밀 진행에 초점을 맞춰 설명하고자 한다.

즉시 침하는 수평방향 변형률을 무시할 수 있는 1차원 압밀침하에 비해 3차원적으로 발생하는 실질적인 침하량이다. 재하 즉시 간극수압이 빠르게 소산되는 사질토층의 압축성과 매우 밀접한 관계를 보인다.

침하 발생률은 대부분 배수거리에 의해 달라진다. 점토층 상하부에 분포하는 모래층이 배수층 역할을 하는데, 홍적세 점토층의 경우에는 모래층이 렌즈 형상으로 분포하여 간극수압이 매우 느리게 없어져서 측정된 바에 따르면 매립 후 10년이 걸리는 것으로 나타났다 (그림 2.5).

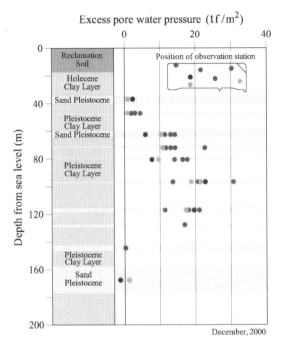

그림 2.5 모래층 배수: 1 tf/m² = 9.8 kPa(KALD, 2009)

점토층에서는 침하속도만이 전체 압밀 과정을 조절하는 것은 아니다. 과잉간극수압이 완전히 소산되더라도 침하는 계속 발생할 수 있다. 이를 크립 또는 2차 압축이라고 부른다. 초기 압밀 종료에 앞서서 2차 압축이 시작되는 것은 널리 알려진 사실이고 1차 압밀이 종료된 후에라도 2차 압축에 의해 오래 동안 현저하게 침하량이 발생하기도 한다.

이 세 가지는 시공에 앞서서 정확하게 평가하기가 어렵다는 사실이 관계 기술자에게 결코 위로가 되진 않는다. 그렇다면 이 문제를 해결할 길은 없을까?

2.1.5 관측법

간사이 국제공항의 경우와 같이 대규모 매립공사에서 중요한 문제는 현장과 실내 시험의 결과만을 토대로 침하 발생을 정확하게 예측하기 어렵다는 것이다. 이는 (1) 공간적으로 흙의 물성치와 배수 경로를 충분히 파악할 수 없고 (2) 실험으로 구한 압밀계수와 2차 압축지수는 실제 현장에서 측정된 값과 상당한 편차를 보일 수 있다는 이유에서다. 따라서 실험결과는 단지 설계 당시에만 활용할 수 있는 값이다.

불확실성이 큰 매립공사에서는 시공 진행과정에서 얻을 수 있는 변화를 능동적으로 대처할 수 있는 설계기법이 필수적이다. 시공 중에 관련 현상을 관측하여 얻은 거동자료를 토대로 역해석을 수행하여 당초 설계 시 추정한 모델 물성치를 재검토하고 다음 단계를 설계 해석하는 과정을 진행한다. 지반공학적인 측면에서 이를 관측법(observational method)이라고 한다. 이 장은 간사이 국제공항 건설에서 얻은 자료를 어떻게 역해석하는가를 설명할 것이다.

2.2 1차원 이론

연안지역이나 큰 강 부근의 해성 점토층은 퇴적환경으로 인해 층상 지층 분포를 보이는 경우가 많다. 일반적으로 모래와 점토층이 교대로 쌓이면 두께는 지질 배경에 따라 다르다. 포화된 모래나 점토의 침하는 다른 양상을 보인다. 포화된 모래층은 배수가 원활할 경우 재하 즉시 침하가 발생한다. 포화 점토의 경우에는 시간 의존성 거동을 보며 다음과 같이 구분한다.

- 1차 압밀: 간극수압 경사에 의해 간극수가 흘러나와 간극의 체적이 감소
- 2차 압축: 크립에 따른 간극 체적의 감소

층상 지층구조의 전 침하량을 1차원적으로 보았을 때 다음과 같이 세 가지 요소로 나눈다.

$$\rho_T(t) = \rho_I + \rho_c(t) + \rho_s(t) \tag{2.1}$$

여기서, ρ_I : 즉시 침하(모래층)

$\rho_c(t)$: 압밀침하(점토층)

$\rho_s(t)$: 크립침하(점토층)

2.2.1 즉시 침하

포화 점토층에서 1차원적인 거동 상태의 즉시 침하는 간극이 작고 물은 비압축성이어서 고려하지 않는다. 그러나 3차원적으로 본다면 무시할 수 없는 횡방향 변형과 함께 실제로 어느 정도의 즉시 침하는 발생한다. 횡방향 변형률 때문에 전체 체적이 변하지 않은 상태에서도 연직방향으로 침하가 발생한다.

모래와 점토가 호층을 이루는 경우의 즉시침하는 1차원 문제로 본다. 이는 모래의 압축성 때문이며 간극이 커서 재하 즉시 간극수압이 소산된다. 응력 증가분 $\Delta\sigma$가 작용할 때 두께가 H인 얇은 모래층의 즉시 침하는 다음 식으로 산정한다.

$$\rho_I = H\frac{\Delta\sigma}{M_E^{sand}} = H\frac{(1+\nu)(1-2\nu)}{E(1-\nu)}\Delta\sigma \tag{2.2}$$

여기서, M_E^{sand} : 모래의 1차원 압축계수

E : 모래의 영(Young) 계수

$\nu = 0.2 \sim 0.3$: 모래의 포와송비

점토의 경우 $\nu = 0.5$이기 때문에 즉시 침하량은 0이 된다.

즉시 침하는 시공 도중에 발생한다. 따라서 성토량을 산정하는 데 중요하게 여기지만 장기 거동에는 영향을 미치지 않아서 해석에서도 즉시 침하량은 제외된다.

2.2.2 1차원 압밀에 의한 침하

압밀에 의해 발생하는 최종 침하량은 1.2절에서 설명하였다. 압밀이 완료되었을 때, 두께가 H인 층에서 전응력 증가분 $\Delta\sigma$는 유효응력 증가분과 동일하다. 정규압밀점토에서 최종 침하량은 다음 식으로 산정한다.

$$\rho_{\inf} = H\frac{\Delta\sigma}{M_E^{clay}} = \frac{H}{1+e_0}C_c\log\frac{\sigma_0{'}+\Delta\sigma}{\sigma_0{'}} \tag{2.3}$$

여기서, $\sigma_0{'}$: 유효수직응력

M_E^{clay} : 점토의 1차원 압축계수

e_0 : 공사 전 현장 초기 간극비

C_c : 압축지수

C_c와 M_E^{clay}는 다음의 관계가 있다.

$$\frac{1}{M_E^{clay}} = \frac{C_c}{1+e_0}\frac{\log(\sigma_0{'}+\Delta\sigma{'})-\log(\sigma_0{'})}{\Delta\sigma{'}} \tag{2.4}$$

시간 경과에 따른 압밀침하 발생 형태는 그림 2.6a와 같이 나타낼 수 있다. 전응력 증가분 $\Delta\sigma$(시간에 따라 일정하고 등분포로 작용)은 처음에는 전체를 간극수가 받는다. 이로 인해 간극수가 외부로 유출될 수 있는 동수경사가 점토층과 배수층 경계에서 생긴다. 이러한 과정을 통해 과잉간극수압 Δu_t가 소산되고 하중이 유효응력 $\Delta\sigma{'}(t) = \Delta\sigma - \Delta u(t)$이 흙입자에 전달되면서 압축되어 침하 $\rho_c(t)$가 발생된다.

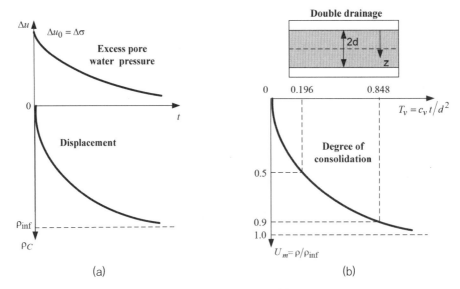

그림 2.6 1차원 압밀: (a) 진행 과정 (b) 해석적 해

테르자기(1943)가 유도한 1차원 압밀이론에 대한 해석적 해(analytical solution)는 그림 2.6b
와 같이 표현된다.

$$U_m(T_v) = \frac{\rho_c}{\rho_{\text{inf}}} = 1 - \sum_{m=0}^{\infty} \frac{2}{M^2} \exp\left(- M^2 T_v\right) \tag{2.5}$$

여기서, $U_m = \dfrac{\rho_c}{\rho_{\text{inf}}}$: 평균 압밀도

$\quad T_v = \dfrac{c_v t}{d^2}$: 시간계수

$\quad d$: 배수경로로서 이중 배수 조건일 경우에는 층 두께의 1/2

$\quad c_v = \dfrac{k M_E^{clay}}{\gamma_w}$: 압밀계수

$\quad k$: 투수계수

$\quad \gamma_w$: 물의 단위중량

$$M = \frac{\pi}{2}(2m+1), \ \text{여기서} \ m = 0, \ 1, \ 2, \ \cdots, \ \infty$$

식 (2.5)의 관계는 다음 두 개의 해석적 함수관계를 따를 때 정해를 구한다.

$$T_v \approx \frac{\pi}{4}U_m^2, \ U_m \leq 0.526 \tag{2.6}$$

$$T_v \approx -0.933\log(1-U_m)-0.085, \ U_m > 0.526 \tag{2.7}$$

위 식을 조합하면 다음과 같이 시간경과에 따른 압밀침하량을 해석적으로 표현할 수 있다.

$$\rho_c(t) = \rho_{\text{inf}}U_m = \rho_{\text{inf}}\sqrt{\frac{4T_v}{\pi}} = \rho_{\text{inf}}\frac{2}{d}\sqrt{\frac{c_v t}{\pi}}, \ U_m \leq 0.526 \tag{2.8}$$

$$\rho_c(t) = \rho_{\text{inf}}U_m = \rho_{\text{inf}}\left(1-10^{-\frac{c_v t/d^2 + 0.085}{0.933}}\right), \ U_m > 0.526 \tag{2.9}$$

층상으로 지층이 형성된 경우 전 침하량은 각 지층에 대한 침하량을 개별적으로 산정한 후 합산하는 방식으로 결정한다.

$$\rho_c(t) = \sum_{i=1}^{n}\rho_c^i(t) \tag{2.10}$$

2.2.3 2차 압축(creep)침하

크립침하는 1차 압밀과 함께 시작되면서 1차 압밀침하가 종료되더라도 계속 진행된다(그림 2.7a). 크립 침하량은 다음 식으로 산정할 수 있다(Mersi & Vardhanabhuti, 2005).

$$\rho_s(t) = \frac{C_\alpha}{1+e_0}H\log\left(\frac{t}{t_p}\right) \tag{2.11}$$

여기서, C_α : 2차 압축계수

t_p : 2차 압축시점으로서 그림 2.7a에서 이론적인 1차 압밀침하선에서 변곡점이 발생

하는 점으로 정의함

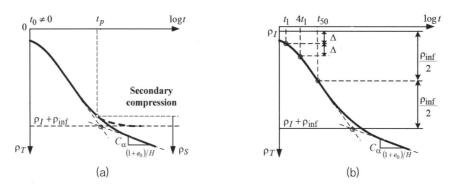

그림 2.7 반대수 침하량 – 시간 관계곡선: (a) 2차 압축 (b) 도해적 역해석 순서

2.2.4 전 침하량

식 (2.8)~(2.10)을 사용하여, 시간경과에 따른 전 침하량의 변화를 식으로 예측할 수 있다.

$$\rho_T(t) = \rho_I + \rho_{\text{inf}}\frac{2}{d}\sqrt{\frac{c_v t}{\pi}}\,, \ 0 \le t \le 0.217\frac{d^2}{c_v} \tag{2.12}$$

$$\rho_T(t) = \rho_I + \rho_{\text{inf}}(1-10^{-1.072c_v t/d^2 - 0.091})\,, \ 0.217\frac{d^2}{c_v} < t < t_p \tag{2.13}$$

$$\rho_T(t) = \rho_I + \rho_{\text{inf}}(1-10^{-1.072c_v t/d^2 - 0.091}) + \frac{C_\alpha}{1+e_0}H\log(t/t_p),\ t > t_p \tag{2.14}$$

여기서, ρ_I : 초기 침하량

t_p : 2차 압축시점

2.2.5 침하계측 자료의 역해석

현장에서 측정된 침하자료를 활용하여 도해적인 방법으로 식 (2.12)~(2.14)에 사용되는 변수를 결정하는 방법을 그림 2.7b에 나타내었다.

- 침하 발생 초기의 어떤 임의의 시간 t_1과 $4t_1$ 기간 중에 발생한 침하량 Δ를 구하여 침하량 $\rho(t_1)$과 더한다. 침하가 발생할 때 초기 곡선은 포물선(식 (2.8))임을 감안하여 초기 침하량, $\rho_I = \rho(t_1) + [\rho(t_1) - \rho(4t_1)] = 2\rho(t_1) - \rho(4t_1)$이 된다.
- 1차 압밀곡선과 2차 압축곡선 접선을 그리고, 교차점을 $\rho_I + \rho_{\inf}$로 정의한다.
- 2차 압축곡선의 접선 기울기가 C_α다.
- $\rho(t_{50}) = \rho_I + \rho_{\inf}/2$인 점은 최종 압밀침하량의 50%가 되는 점이고, 여기서 t_{50}을 구한다. 이를 통해 $c_v = 0.196d^2/t_{50}$을 구할 수 있다(그림 2.6b).

2.3 거동 분석

위에서 설명한 1차원 압밀이론을 통해 간사이 국제공항에서 발생한 과도한 침하량을 간략하게 분석해보자.

2.3.1 단순 모델

그림 2.8a의 상부 점토층(충적세 점토, MA13)은 연직 배수가 시공되었기 때문에 매우 신속하게 침하가 발생하므로 즉시 침하로 간주한다. 하부 9개의 홍적세 점토층은 10개의 모래층이 끼어 있는 상태(KALD, 2009)로 가정한다. 문제를 단순화하기 위해 점토층은 그림 2.8b와 같이 두께를 12.0 m로 통일시켰다.

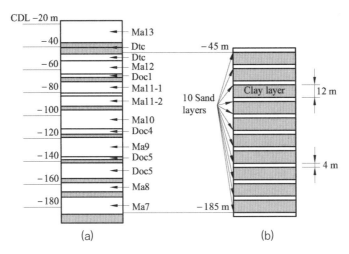

그림 2.8 상부 홍적세 점토층의 지층 구성: (a) 실제 구성 상태(Akai & Tanaka, 1999) (b) 단순화된 지층구성

2.1.2에서 설명한 바와 같이, 충적세 점토층에서 설계 예측치보다 과도하게 침하량이 발생하였다는 사실을 파악하고 이 층의 장래 침하량을 예측하고자 하였다. Endo 외(1991)가 해석적으로 예측한 바에 따르면, 그림 2.4의 실선 형태로 추정하였다. 이 책에서 간략하게 분석할 때에는 지층의 형태와 물성치를 다음과 같이 가정하였다.

- 면적이 4.0×1.25 km인 인공섬은 해저로부터 33 m 위에 있고, 29 m는 해수면 아래에 있다.
- 인공섬과 해저의 흙의 단위중량은 각각 $\gamma_{\text{island}} = 21 \text{ kN/m}^3$, $\gamma_{\text{seabed}} = 18 \text{ kN/m}^3$이다.
- 홍적세 점토층의 과압밀비는 심도에 따라 선형적으로 증가한다(Akai et al., 1995). 따라서 매립공사 중에 하부 홍적세 점토는 과압밀 상태에 있고 비압축으로 고려한다.
- 홍적세 점토층은 정규압밀 상태로 거동하는 것으로 고려하고, 이 층의 압밀 관련 물성치는, $e_0 = 1.5$, $C_c = 0.6$, $c_v = 1.67 \times 10^{-7} \text{ m}^2/\text{s}$로 그림 2.9에 나타난 실험 결과값과 유사하다.
- 상부 홍적세 점토층은 12 m 정도의 층이 9개로 총 108 m이며, 중간에 두께 4 m 정도의 모래층이 분포하여 배수층의 역할을 하므로 수직 배수길이는 6 m로 본다.
- 초기 침하량이나 2차 압축에 의한 침하량은 고려하지 않는다.

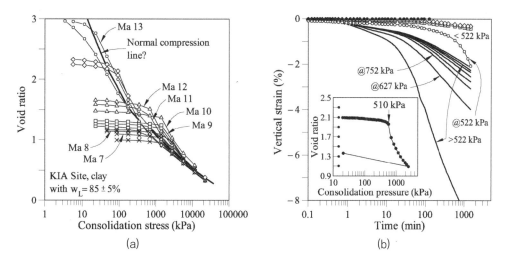

그림 2.9 홍적세 점토층의 압밀시험 결과(Akai & Tanaka, 1999): (a) 압밀곡선 (b) M 12층의 침하 – 시간 관계. 여기서 @522 kPa는 선행압밀압력, 510 kPa에 근접한 하중의 곡선임을 의미하는 것으로서 침하 발생률은 과압밀(하중 < 522 kPa), 정규압밀(하중 > 522 kPa)에 비해 현저히 빨라서 파괴를 지시한다고 볼 수 있음

2.3.2 설계 당시 예측

단순화된 모델을 사용하여 그림 2.4의 실선으로 도시된 Endo 외(1991)의 원 예측치를 재구성하고자 한다. 홍적세 점토층의 최상부인 Ma 13은 공사가 완료된 후 압밀이 종료되었다. 침하량은 6 m이고, 시간 경과에 따른 증가량은 그리 크지 않다. 홍적세 점토층의 최종 침하량은 식 (2.3)을 사용하여 9개 층의 침하량을 별도로 구한 후 합산한다.

$$\rho_{\mathrm{inf}} = \sum_{i=1}^{i=9} \Delta\rho_{\mathrm{inf}}^{i} = \sum_{i=1}^{i=9} \Delta H \frac{C_c}{1+e_0} \log\!\left(\frac{\sigma_{0i}' + \Delta\sigma}{\sigma_{0i}'}\right) = , \ t > t_p$$

$$\sum_{i=1}^{i=9} 12 \frac{0.6}{1+1.5} \log\!\left(\frac{8D_i + 403}{8D_i}\right) = 5.6 \ \mathrm{m}$$

(2.15)

여기서, $\Delta\sigma = \gamma_{\mathrm{island}}(h - h_w) + (\gamma_{\mathrm{island}} - \gamma_w)h_w = 21{\times}4 + 11{\times}29 = 403 \ \mathrm{kPa}$

$\sigma_0' = \gamma'_{\mathrm{seabed}} D_i = 8D_i$: 지질적 응력

$D_i = 31 + 16(i-1)$: 해저면부터 i 번째 점토층의 중심까지의 깊이

수식에 의해 산정한 홍적세 점토층의 압밀침하량 5.6 m는 Endo 외(1991)가 구한 값과 수정된 값(Akai & Tanaka, 2005)과 거의 유사한 수치다. 문제는 이 값이 최종 침하량이 아니고 압밀이 종료된 후에도 침하가 지속되었다는 것이다. Endo 외(1991)는 홍적세 점토층의 중간에서의 침하량의 490일이 경과하면 50%가 발생하고, 90% 침하량은 2,120일 이내에 완료될 것으로 예측하였다. 단순 모델로 설정한 수식으로 산정하면 다음과 같다.

$$t_{50} = \frac{T_{v(50)}d^2}{c_v} = \frac{0.196 \times (6.0)^2}{1.67 \times 10^{-7}} \left(\frac{1}{24 \times 3600} \right) = 490 \text{ 일}$$

$$t_{90} = \frac{T_{v(90)}d^2}{c_v} = \frac{0.848 \times (6.0)^2}{1.67 \times 10^{-7}} \left(\frac{1}{24 \times 3600} \right) = 2,120 \text{ 일}$$

실제로는 이보다 훨씬 길게 압밀이 진행되었다. 공항공사가 완료된 1999년(3,200일 경과), 침하량은 6 m를 넘고(전 침하량 12 m), 평균 매년 15 cm/년 수준으로 침하가 지속되고 있다.

2.3.3 초기 침하량 수정

압밀 초기부터 시작하여, 홍적세 점토층의 침하량은 그림 2.10a에서 보는 바와 같이 예측치를 크게 상회하였다. 압밀속도가 클 것으로 예상할 수 있지만 그림에서 압밀속도는 그다지 빠르지 않았다.

따라서 초기 침하량이 예상보다 크게 발생한다는 것에 주목하여 그림 2.6b 관계를 통해 재산정해보면 다음과 같다.

- $t_1 = 20$ 일, $\rho_{t1} = 1.25$ m

- $t_2 = 4t_1 = 80$ 일, $\rho_{t2} = 1.60$ m

- 그러므로 $\rho_I = 2\rho(t_1) - \rho(4t_1) = 2 \times 1.25 - 1.6 = 0.90$ m

식 (2.12)를 통해 수정된 예측치를 초기 침하량, $\rho_I = 0.90$ m를 설명하기 위한 것이고 그림 2.10b에 나타내었다. 초기 60일까지 수정된 예측치와 실측값은 상당히 일치하고 있으나, 시간이 지나면서 압밀침하 진행은 실측값보다 빠른 것으로 분석되었다.

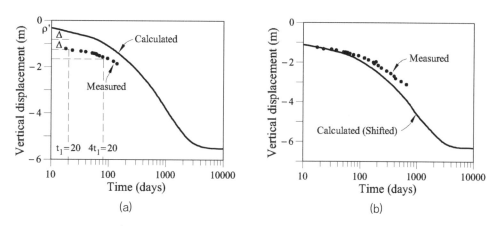

그림 2.10 초기 침하량 수정: (a) 관련 변수 유도 (b) 수정 예측치

2.3.4 배수 경로 길이 수정

압밀이 진행되는 속도는 압밀계수 c_v와 평균 배수거리 d(이 책에서 단순화된 모델인 경우에는 배수가 되는 모래층의 수)에 따라 달라진다. 그림 2.5와 같이 모래층에서 과잉간극수압이 더디게 소산되는 조건이라서 단순하게 가정된 배수거리보다 훨씬 길어질 수 있다. 또한 시간계수와 압밀계수가 포함된 식에서 배수거리는 제곱이기 때문에 배수거리가 불확실하다면 압밀시간을 산정하는 데 오차가 더 커진다.

홍적세 점토층의 최종 침하량을 식 (2.15)에 의해 $\rho_{inf} = 5.6$ m로 정확하게 추정한 것으로 가정하였다(Akai & Tanaka, 2005의 경우도 동일). 한편 전 침하량에 대해 실측된 압밀침하의 50%, 즉 $\rho_{50} = \rho_I + \rho_{inf}/2 = 3.70$ m가 발생하는 시간 t_{50}은 Endo 외(1991)가 예측한 490일이 아니라 1,000일(그림 2.11a)이었다.

평균 배수거리 d와 등가 점토층 수를 실제 50% 압밀이 소요된 일수를 고려하여 다시 산정하면 다음과 같다.

$$d = \sqrt{\frac{t_{50}c_v}{T_{v(50)}}} = \sqrt{\frac{1{,}000 \times 24 \times 3{,}600 \times 1.67 \times 10^{-7}}{0.196}} = 8.57\,\mathrm{m} > 6\,\mathrm{m} \qquad (2.16a)$$

$$n = \frac{H}{2d} = \frac{108}{2 \times 8.57} = 6.3 < 9 \qquad (2.16b)$$

이와 같이 산정된 배수거리 $d = 8.57\,\mathrm{m}$를 적용하여 식 (2.12)와 (2.13)으로 시간－침하량의 관계를 수정해서 그림 2.11b에 나타내었다. 2,000일이 지날 때까지 실측치와 수정 예측치가 잘 맞고 있으나, 후에는 침하속도가 늦은 것으로 분석되었다.

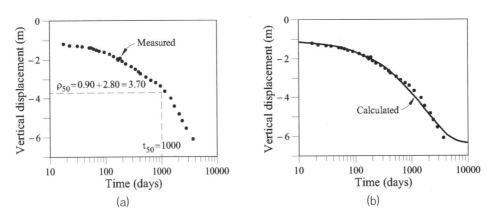

그림 2.11 배수거리에 대한 침하량 수정: (a) 관련 변수 유도 (b) 수정 예측치

2.3.5 2차 압축 수정

압밀 최종 단계 이후에도 과도하게 침하게 발생하는 주요 원인은 2차 압축이다. 특히 Akai & Tanaka(1999)는 그림 2.9b의 @522 kPa 곡선에서 보는 바와 같이 선행압밀압력을 넘게 되는 유효응력이 작용할 때 침하속도가 매우 빠를 수 있는 것을 주목하였고, 이는 점토의 시간효과(aged clay)와 관련성이 있다. 그림 2.7b의 과정을 활용하기 위해 C_α를 구해야 하는데, 시간－침하량 곡선에서 2차 압축이 일어나는 기간의 데이터가 필요하다. 그러나 현재 예측된 압밀곡선이 배수거리와 초기 침하량이 보정되어 장래 침하량을 산정하는 데에 신뢰할 만하다면 그림 2.12a와 같은 방법을 사용할 수 있다.

점 t_p를 실측 압밀침하량곡선과 예측 침하량이 편차를 보이기 시작하는 점(이 책의 검토에서는 1,800일)이라고 하자. $t > t_p$인 어느 시점에서의 침하량 차이를 실측치로부터 구한 후 다음과 같이 C_α를 산정한다. 예에서는 t는 3,200일이라고 보면 $\Delta\rho_s$는 0.37 m가 된다.

$$C_\alpha = \frac{\Delta\rho_s(1+e_0)}{H\log(t/t_p)} = \frac{0.37\times(1+1.5)}{108\times\log(3{,}200/1{,}800)} = 0.034, \quad \frac{C_\alpha}{C_c} = \frac{0.034}{0.6} = 0.057$$

점토층에서 압축지수와 2차 압축지수의 비가 0.057로 산정된 것은 높은 비율인데, Akai & Tanaka(1999)는 아마도 aged 점토가 파괴되면 일어나는 현상으로 보고 있다. 1,800일이 지난 후부터 발생하는 2차 압축 현상을 설명하기 위해 식 (2.12)~(2.14)를 사용하여 수정된 예측치를 그림 2.12b에 나타내었고, 실측치와 매우 근사한 형태를 보이므로, 단순 모델이라 하더라도 정확성이 높다고 평가한다.

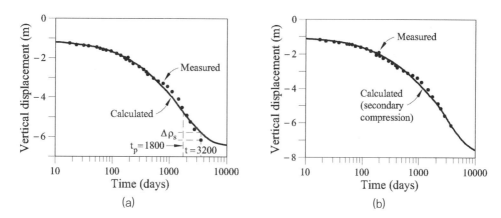

그림 2.12 2차 압축에 침하량 수정: (a) 관련 변수 유도 (b) 수정 예측치

2.3.6 전 침하량 예측

공항 공용 기간을 50년이라고 가정하였을 때 크립에 의한 침하량을 다음과 같이 산정할 수 있다.

$$\rho_s = \frac{C_\alpha}{1+e_0} H \log\left(\frac{t}{t_p}\right) = \frac{0.034}{1+1.5} \times 108 \times \log\left(\frac{50 \times 365}{1,800}\right) = 1.5\,\text{m}$$

홍적세 점토층에서 발생할 수 있는 50년에 대한 전 침하량은 다음과 같다.

$$\rho_T^{Pl} = \rho_I + \rho_{\text{inf}} + \rho_s = 0.9 + 5.6 + 1.5 = 8.0\,\text{m}$$

여기에 충적세 점토층의 침하량까지 더하면 다음과 같이 전 침하량을 얻는다.

$$\rho_T = 8.0 + 6.0 = 14.0\,\text{m}$$

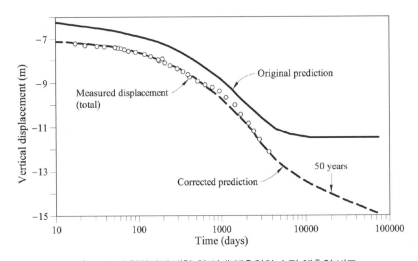

그림 2.13 전 침하량에 대한 원 설계 예측치와 수정 예측치 비교

Akai & Tanaka(2005)가 수행한 분석된 50년간의 침하량은 14.3 m이다. 설계 당시 침하량인 11.6 m와 비교하였을 때, 해수면보다 4 m 높게 축조한 제방은 불과 1.6 m의 여유밖에 없는 것이 되어 태풍에 의해 고조위가 형성되면 위험할 수 있다는 분석이 된다.

2.3.7 결과 토론

간사이 국제공항 부지의 침하에 대한 단순 모델은 침하량 거동을 1차원으로 분석한 것으로서, 공간적인 불확실성, 하중과 지반 물성치, 3차원적인 응력－변형률 관계를 충분히 설명할 수 없다. 또한 초기 침하량, 배수와 크립에만 초점을 맞추어 분석하였기 때문에 과압밀 거동, 복잡한 aged 점토에 대한 압축 특성은 세밀하게 고려할 수 없다. 그러나 단순화되었다 하더라도 실측된 침하량과 매우 근사한 분석결과를 내었다. 또한 장래 침하량 예측도 정교한 모델을 사용하여 얻은 것과 큰 차이를 보이지 않는다. 이는 실제 측정된 값을 토대로 역해석한 덕분이라고 생각하며, 간사이 국제공항과 같이 거대한 매립공사에서도 침하 거동을 이해하고 예측하는 데 단순 역해석이 매우 중요한 역할을 할 수 있음을 보여준다.

2.4 침하 감소 대책

매립부지에서 전반적으로 발생하는 침하로 인한 피해를 줄일 수 있는 대책을 수립한다는 것은 쉬운 일이 아니다. 일단 침하가 발생하여 추가 매립을 통해 부지를 높이는 것은 인공섬 내로 바지선이 들어갈 수 없고, 특히 운영 중인 공항이라면 폐쇄하는 것도 불가능하다. 또한 더 쌓는다 하더라도 연약지반 위해 추가 하중이 작용하므로 침하량이 증가한다. 따라서 고조위에 따른 피해를 막고자 한다면 호안의 높이를 증대시켜야 한다.

구조물에서 발생하는 부등침하도 큰 문제다. 그림 2.14a에 도시한 여객터미널은 바닥면적이 0.3 km²이며, 주건물은 320×150 m이고, 지하 1층, 지상 3층으로 구성되었다. 또한 날개 형태의 부속 건물 3개(670×40 m)가 있다. 건물의 기둥은 총 874개소이며 총 연장은 1,660 m에 달한다.

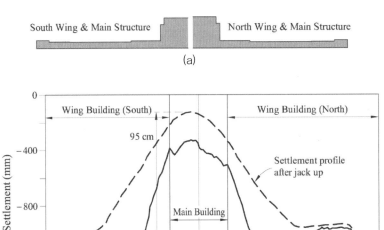

그림 2.14 여객터미널 건물(Akai & Tanaka, 2005): (a) 건물 외곽 형태 (b) 종축 방향의 침하 발생 양상

주건물은 지하 1층이 있어서 굴착된 흙 무게에 절반 정도가 자중이어서 주변 지반의 침하보다 적게 침하되는 문제가 있다. 동등한 침하 여건을 만들기 위해 주건물의 지하에 25만 톤 정도의 금속을 두었다. 그림 2.14b에서 보는 바와 같이 2003년 10월 침하 상태는 주 건물과 부속 건물이 상당히 다르므로 무게로 침하를 제어한다는 것이 부분적으로만 효과적이었다.

지속되는 부등침하에 대응하기 위해 공용 중에도 건물의 높이를 같게 유지하기 위해 일부 기둥에 잭을 설치하였다. 보통 1년에 2~3회 정도 보정작업을 하여 설계 건축한계를 유지하고 있다. 주건물의 지붕 구조의 경사각 $\theta = 1/400$ 이하로 유지하고, 부속건물은 $\theta = 1/600$을 기준으로 하고 있다. 그림 2.14b에서 점선 부분은 잭업에 의해 보정된 침하양상을 도시한 것이다. 2003년 10월 침하자료에서 볼 수 있듯이 최대 보정 높이는 60 cm에 달하여 여전히 부등침하 기준을 만족하지 못하고 있다. 주 건물의 중심과 남측 부속 건물의 최대 부등침하는 95 cm인데 이를 각변위로 환산하면 $\theta = 1/450$로, 설계한계인 $\theta = 1/600$을 상회한다.

2.5 사례 교훈

2.5.1 심대한 불확정성

간사이 국제공항의 경우와 같이 대규모 매립공사에서 현장시험이나 실내실험에서 얻은 지반 물성치만을 가지고 침하거동을 정확하게 예측한다는 것은 불가능하다. 제한된 정보를 통해 전체 공간적인 지반 특성, 배수 조건을 파악할 수 없고, 시험을 통해 획득한 압밀계수나 2차 압축계수는 현장에서 실측한 값에 비해 100배까지 차이를 보이는데, 현장 데이터가 더 신뢰도가 높다고 본다. 따라서 시공 전에 얻은 실험 데이터를 활용하는 것은 설계에 사용하는 것에 한하는 것이 타당하다.

2.5.2 즉시 침하

포화된 점토지반의 1차원 해석에서는 즉시침하는 0으로 본다. 실제로는 3차원적인 거동으로 인해 즉시 침하가 발생할 수 있고, 결코 무시될 수 없는 횡방향과 수직방향 변형을 포함하고 있다. 모래와 점토가 교대로 나타나는 층상구조에서는 1차원 거동이라고 할지라도 어느 정도의 즉시 침하가 발생한다. 이는 주로 간극이 충분히 커서 재하 즉시 간극수압이 소산될 수 있는 모래층의 압축성 때문이다.

2.5.3 배수 제한

압밀 속도를 주로 지배하는 것은 배수 경로상 거리다. 점토층 사이에 모래층이 끼어 있으면 배수층으로서 역할을 한다. 그러나 층상이 아니라 렌즈상으로 협재된 경우라면 간극수압이 원활하게 소산될 수 없다. 공사 중에 배수능력을 파악하기 위해 모래층의 간극수압 소산을 관찰하는 것이 매우 중요하다.

2.5.4 2차 압축

압밀 과정은 점토층의 침하속도만으로 조절할 수 없음을 기억하여야 한다. 과잉간극수압이 완전히 소산되었다 할지라도 다른 요인에 의해 침하가 지속될 수 있다. 2차 압축은 공사 초기부터 관찰되고 압밀이 완료되면 더욱 현저하게 침하를 유발하여 상당히 장기간 침하에 의한 문제를 일으킨다.

2.5.5 관측법

간사이 국제공항 사업처럼 지반 특성상 불확정성이 크게 포함된 경우에는 설계와 시공에서 관측법이 효과적이다. 이는 설계 시에 현장에서 발생할 수 있는 사항을 보다 탄력적으로 반영할 수 있는데, 반드시 현장에서 정확하게 측정된 데이터를 근거로 해야 한다. 역해석을 통해 설계 시에 사용된 지반 물성치의 신뢰도를 확인하고 다음 설계 단계에서 활용될 수 있다.

참고문헌

Akai, K., Nakaseko, K., Matsui, T., Kamon, K., Sugano, M., Tanaka, Y. and Suwa, S. (1995) Geotechnical and geological studies on seabed Osaka Bay. *Proceedings of the 11th European Conference on Soil Mechanics and Foundation Engineering* 8, 8.1-8.6.

Akai, K. and Tanaka, Y. (1999) Settlement behaviour of an off-shore airport KIA. *Geotechnical Engineering for Transportation Infrastructure*, 1041-1046.

Akai, K. and Tanaka, Y. (2005) Ex-Post-Facto estimate of performance at the offshore reclamation of airport Osaka/KIA. *Proceedings of the 16th International Conference on Soil Mechanics and Geotechnical Engineering* 2, 1011-1014.

Endo, H., Oikawa, K., Komatsu, A. and Kobayashi, M. (1991) Settlement of diluvial clay layers caused by a large scale man-made island. *Geo-Coast 91'*, 177-182.

Handy, R.L. (2002) First-order rate equations in geotechnical engineering. *ASCE Journal of Geotechnical and Geoenvironmental Engineering* 128 (5), 416-425.

KALD (2009) Kansai Airport Land Development Company, Website: www.kald.co.jp

Matsui, T., Oda, K. and Tabata, T. (2003) Structures on and within man-made deposits-Kansai Airport. *Proceedings of the 13th European Conference on Soil Mechanics and Geotechnical Engineering* 3, 315-328.

Mesri, G. and Varhanabhuti, B. (2005) Secondary compression. *ASCE Journal of Geotechnical and Geoenvironmental Engineering* 131 (3), 398-401.

Terzaghi, K. (1943) *Theoretical Soil Mechanics*, John Wiley and Sons, New York.

이탈리아 피사의 사탑

Leaning Instability:
The Tower of Pisa, Italy

3.1	**사례 설명**	**54**
3.1.1	시공	55
3.1.2	기울음 발생 이력	56
3.1.3	문제점	57
3.1.4	기울음 불안정성	58
3.2	**이론 배경**	**59**
3.2.1	모델 가정	59
3.2.2	등가기초	60
3.2.3	점진적 기울음에 대한 전도 모멘트	61
3.2.4	기초에 의해 발휘되는 저항 모멘트	63
3.2.5	스프링계수	64
3.2.6	기울음 불안정성 기준	66
3.2.7	안전율	68
3.2.8	지지력	69
3.2.9	요약	70
3.3	**거동 분석**	**70**
3.3.1	단순 모델	70
3.3.2	지지력	72
3.3.3	기울음 불안정성	73
3.3.4	결과 토론	74
3.4	**기울음 감소 대책**	**75**
3.5	**사례 교훈**	**76**
3.5.1	기울음 불안정성	76
3.5.2	파괴	76
3.5.3	깊은기초	76
3.5.4	흙 제거	76
참고문헌		**77**

이탈리아 피사의 사탑

Leaning Instability:
The Tower of Pisa, Italy

3.1 사례 설명

이탈리아 토스카나주의 피사는 중세시대 강력한 공국으로 11~13세기 상업의 중심지였다. 1063년에 사라센과 치른 팔레르모와의 해전에서 크게 승리한 후 사르디니아, 코르시카, 엘바, 스페인 남부 일부, 카르타고까지 식민지를 가지고 있었다. 전성기였던 12세기에는 해상력을 바탕으로 최초의 십자군까지 파견할 정도였으나, 13세기에 들어서 정치가 불안하고 전쟁에 패하여 제노바와 플로렌스에 의해 정복되기에 이르렀다. 르네상스 시대의 대표적인 과학자인 갈릴레이 갈릴레오(1564~1642)의 출생지로도 알려져 있지만, 무엇보다도 로마네스크 양식의 피사의 사탑(그림 3.1)으로 유명한 도시다.

(a)

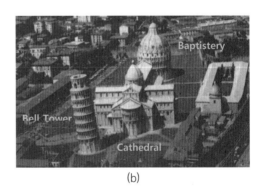

(b)

그림 3.1 피사의 사탑(Burland et al., 1998): (a) 사탑 (b) 피아자 데이 미라콜리 전경

1063년 사라센과의 해전에서 거둔 전리품을 자금으로 하여 교회와 공국의 권위를 과시하기 위해 피아자 데이 미라콜리(기적의 스퀘어) 대성당을 건설하였다. 부속 종탑으로 만든 탑이 기울어져서 초기부터 호기심의 대상이었고, 현재는 전 세계의 관광객이 몰려든다. 1990년에는 5.5° 정도 기우며 위험해졌는데, 1989년 파비아 종탑이 붕괴되면서 4명이 사망한 사고가 있어서 피사의 사탑도 일반 대중에 공개가 금지되었다. 기울어지는 것을 방지하기 위해 노력한 결과 1844년의 기울기 상태를 유지하게 되었고, 2001년 12월에 다시 개방되었다.

3.1.1 시공

대성당 건물이 완공된 후 10년 후인 1173년경부터 종탑이 시공되기 시작되었는데, 세례당 건물(Baptistery)보다 20년 먼저 착공된 것이다. 대성당과 세례당의 바닥면적이 종탑보다 훨씬 커서 두 개의 건물은 부등침하가 발생하지 않았다.

높이가 56 m인 사탑은 기층부 위에 6층의 갤러리가 있고, 맨 위는 종이 보관되는 공간으로 내부가 비어 있는 실린더 형태(그림 3.2)다. 외경과 내경은 각각 15.5, 7.4 m이고, 내외측 표면은 대리석으로 마감하고 내부는 자갈과 몰탈로 채워졌다. 탑의 기초는 링기초 형태이고 외경은 19.6 m, 폭은 7.5 m다.

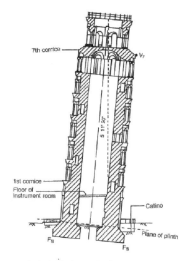

그림 3.2 피사의 사탑 단면도(Burland et al., 1998)

1173년에 착공된 후 200년에 걸쳐 완공하였는데, 대략 3단계로 구분하며 중간에 공사가 거의 1세기 간 중지되었다. 1단계는 착공 직후 5년간이다. 착공 이후 3번째 갤러리(4층)까지 시공하고 중지되었다. 아마도 플로렌스와의 전쟁으로 자금 부족이 원인이었을 것이다. 이때 이미 종탑은 북쪽으로 약간 기울기 시작했다.

두 번째 단계는 1272년부터 1278년까지로서 6개층 갤러리가 완성되었다. 이때 종탑은 남측으로 기울어졌는데, 공사 도중 바로잡기 위해 갤러리의 상층 바닥을 좀 높여서 시공하여 단면으로 볼 때 '바나나' 형태가 되게 하였지만 큰 효과를 보지 못했다.

3단계는 1360년부터 시작되어 전체로 볼 때 8층에 해당하는 종실을 시공하였다. 이때 이미 남쪽으로 경사가 심하여 갤러리로서는 최상층인 6번째 갤러리의 계단을 남측은 6단, 북측은 4단으로 마감하여 평면의 수평을 맞춰보려고 하였다. 최종 준공은 1370년이었다.

3.1.2 기울음 발생 이력

시공 당시 기울어진 상태를 수직처럼 만들기 위해 남북측의 계단수를 달리하고 낮은 쪽에 석재 쐐기를 설치하는 등의 수단을 강구하였다. 석재로 축조되는 과정을 면밀히 분석하여 탑이 기울어지는 과정을 파악하였다(Burland & Viggiani, 1994). 1단계 공사가 진행되면서 총 14,500톤 중 9,000톤 하중이 재하되면서 탑은 북쪽으로 기울었고, 2단계 시작 지점에는 0.2°가 되었다(그림 3.3a). 2단계 종료 시점은 1278년에는 하중이 13,600톤에 달하였는데, 이때는 남측으로 0.6°가 기운 상태가 되었다. 2단계 종료 후 3단계가 시작되기 전에 약 90년 정도의 방치기간이 있었는데, 이때 계속 기울어서 3단계 시작 시점인 1360년에는 1.6°에 이르게 되었다.

준공된 후 1817년에 측정된 바에 따르면 경사각은 4.8°였다. 이후 급격히 기울기가 증가하여 1838년에는 5.3°가 되었고, 가라앉아 보이지 않게 된 1층 기둥을 노출시키기 위해 건축가인 Alessandro Della Gherardesca는 기초 주변을 파서 통로(catino)를 만들고 지하수를 담았다.

1911년까지 측량기술을 통해 기울기가 정량적으로 기록되었고, 1934년에는 대형 추를 6층에 매달았다. 그림 3.3b에서 보는 바와 같이 점진적으로 기울기가 증가하여 1990년에는 5.44°에 달했는데, 이는 매년 6각초(arc second) 정도의 진행을 보였다. 각초는 각을 측정하는 기본

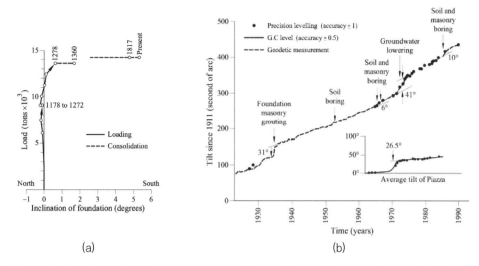

그림 3.3 피사의 사탑 기울음 이력(Burland et al., 1998): (a) 하중과 기울기 (b) 1911년 이후 측량자료

단위로서 각분의 1/60, 각의 1/3,600에 해당한다.

피사의 사탑의 주변 지반이 교란될 수 있는 조건(1934, 1966, 1985년 시추조사)에서 기울기는 민감하게 반응하였다. 또한 모래층에서 펌핑한다거나 1970년대 주변 지하수위가 하강하였을 때도 기울기가 변화하였다. 지하수위가 내려갔을 때는 사탑뿐만 아니라 소규모이긴 하지만 근처의 광장(piazza)도 침하되는 양상을 보였다.

3.1.3 문제점

사탑의 하부 지반은 그림 3.4a와 같이 모래층과 점토층이 교대로 나타난다. 지하수위면은 그림 3.4a의 W.T로 나타내었는데, 지표면에서 1~2 m의 심도로 분포한다. 종탑이 기울어진 데는 몇 가지 요인이 있다. 현상을 파악하는 데 기초는 파괴되지 않았다는 것을 전제로 다음과 같이 조건을 상정할 수 있다.

- 매우 완만한 기울음 진행(파괴 시에는 급속 진행)
- 상부 점토층(그림 3.4a)이 일부가 압밀되어 체적변화에 따른 국부적 침하

• 남측부 지표면의 히빙이 뚜렷하지 않음

또 다른 조건으로 남측의 점토지반이 상대적으로 얇아서 기초지반의 지반 강성의 차이에 따른 부등침하를 생각할 수 있는데, 부분적으로는 기울음의 원인이 될 수 있다(그러나 대성당과 세례당에서는 부등침하가 심하게 발생하지 않았음을 상기하라). 이와 같은 상황을 종합해 볼 때, 1단계 축조 직후 갑자기 기울어진 것의 원인이라고 볼 수 있는 '기울음 불안정성(leaning instability)'을 고려할 필요가 있다.

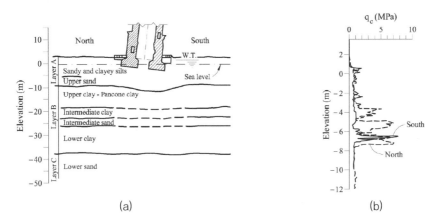

그림 3.4 피사의 사탑 지반 조건(Burland et al., 1998): (a) 지층 단면 (b) 사탑 북측과 남측의 콘 저항 분포

3.1.4 기울음 불안정성

구조물의 높이와 폭의 비율이 어느 한계값에 근접하여 기초에서 발휘되는 저항 모멘트가 기울음을 유발할 수 있는 전도 모멘트를 감당하지 못할 때 기울음 불안정성이 초래된다고 본다(Hambly, 1985; 1990). 마치 푹신한 카펫 위에서 레고블록을 쌓을 때 생기는 불안정성과 유사하다. 기울음 불안정성은 지반강도가 낮을 때가 아니라 압축성이 클 때 생긴다.

대성당과 세례당은 사탑에 비해 건물의 높이가 폭보다 높이가 매우 낮음을 주목할 필요가 있다. 이전 학자들이 피사의 사탑에 대하여 기울음 불안정성을 수칙해석 방법에 의해 광범위하게 연구를 진행하였고, 안정화를 위해 크게 기여한 바 있다(Burland & Potts, 1994). 여기서는 단순화된 모델을 통하여 현상을 설명해보고자 한다.

3.2 이론 배경

3.2.1 모델 가정

폭과 길이가 B, L인 직사각형 강성 구조물을 탄성 스프링, 기초지반은 지반반력계수 k(그림 3.5a,b)라고 가정한 모델인 Winkler 기초 형태로 생각해보자. 침하량을 d라고 할 때 기초 접지압은 $q = kd$가 되며, 기초의 반력은 그림 3.5c와 같이 $F = qLb = Kd$이고, 여기서, K는 다음과 같고 이를 스프링계수라고 한다.

$$K = Lbk \tag{3.1}$$

단순화시키기 위해, 회전에 대한 각강성은 0으로 보고, 재하와 제하 때의 스프링계수는 $K_L < K_U$의 관계라고 하자. Winkler 가정을 만족하기 위해 기초 사이에는 상호 작용과 수평 저항이 없다고 본다.

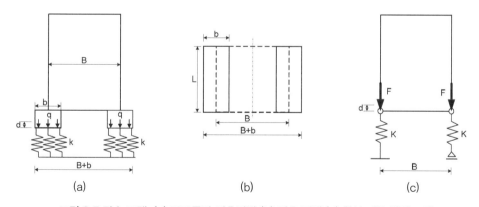

그림 3.5 단순 모델: (a) 구조물과 기초지반 (b) 기초 평면 (c) 합성 기초 반력 모델

3.2.2 등가기초

그림 3.6과 같이 링기초나 내부가 비어 있는 사각형 기초에 대해서는 그림 3.5b와 같이 면적과 관성 모멘트가 동일한 직사각형 형태로 변환시킬 수 있다. 평균 반경이 r, 폭이 b인 링기초(그림 3.6a)의 면적 A_r, 대칭축에 대한 관성 모멘트 I_r는 다음과 같다.

$$A_r = 2\pi rb, \quad I_r = \frac{\pi}{4} rb(4r^2 + b^2) \tag{3.2}$$

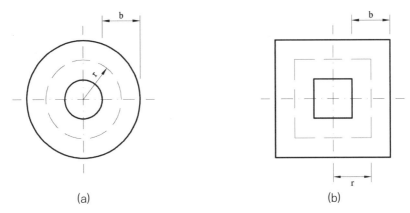

(a) (b)

그림 3.6 등가기초: (a) 링기초 (b) 내부가 빈 정사각형 기초

동일한 폭 b(그림 3.5b)인 등가 직사각형 기초의 면적 A_{eq}, 대칭축에 대한 관성 모멘트 I_{eq}는 다음과 같다.

$$A_{eq} = 2Lb, \quad I_{eq} = \frac{Lb^3}{6} + \frac{b^2}{2} Lb \tag{3.3}$$

식 (3.2)와 (3.3)을 등치하면 다음 식과 같이 등가기초에 대한 길이와 폭을 결정할 수 있다.

$$L = \pi r, \quad B = \sqrt{(2r^2 + b^2/6)} \tag{3.4}$$

내부가 비어 있는 정사각형 기초의 r과 b(그림 3.6b)를 적용하여 기초의 면적 A_s, 대칭축에 대한 관성 모멘트 I_s는 다음과 같다.

$$A_s = 8rb, \quad I_s = \frac{4}{3}rb(4r^2 + b^2) \tag{3.5}$$

식 (3.3)과 (3.5)를 같게 보고 다음 식과 같이 등가기초에 대한 길이와 폭을 결정할 수 있다.

$$L = 4r, \quad B = \sqrt{(8r^2/3 + b^2/3)} \tag{3.6}$$

3.2.3 점진적 기울음에 대한 전도 모멘트

수직방향에서 기초 스프링은 구조물의 자중을 G라 하였을 때, 동일한 하중 $F = G/2$를 받고, 부등침하가 발생하지 않는다. 그림 3.7a와 같이 α의 각도로 기울어지는 경우 수평방향으로 무게 중심이 다음과 같이 이동한다.

$$x = H_c \sin\alpha \tag{3.7}$$

이때 상대적인 부등침하는 다음 식으로 산정한다.

$$\frac{d_L - d_U}{B} = \sin\alpha \tag{3.8}$$

여기서, H_c는 무게 중심의 높이다. 그림 3.7b에서 기울기가 발생하는 방향의 스프링의 힘은 F_L(재하)로 증가하고, 반대 방향은 F_U(제하)로 감소한다. 수직방향 힘의 평형 조건에서 다음을 만족한다.

$$F_U + F_L = G \tag{3.9}$$

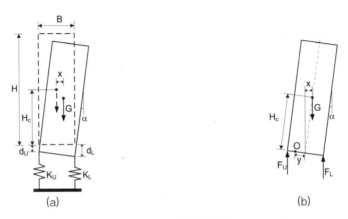

그림 3.7 점진적 기울기: (a) 형상 (b) 전도 모멘트

다음으로 회전 중심 O는 대칭축에서 y만큼 떨어진 거리에 위치한다. 전도에 대한 구조물의 안정을 판단하기 위해 점 O에 대한 모멘트를 다음 식으로 구한다.

$$M_O^{\text{over}} = G(x + y\cos\alpha) = GH_c\sin\alpha + Gy\cos\alpha \tag{3.10}$$

위 식으로 구한 전도 모멘트는 안정하기 위해서 다음의 저항 모멘트를 초과할 수 없다.

$$M_O^{\text{res}} = (F_L - F_U)\frac{B}{2}\cos\alpha + (F_L + F_u)y\cos\alpha \tag{3.11}$$

평형방정식 (3.9)로부터 식 (3.10)과 (3.11)의 두 번째 항은 동일하므로, 안정을 유지하기 위한 조건은 다음 식으로 쓸 수 있다.

$$M_O^{\text{over}} \le M_O^{\text{res}} \Rightarrow \frac{H_c}{B} \le \frac{\Delta F}{G}\cot\alpha \tag{3.12}$$

여기서, ΔF는 다음과 같다.

$$\Delta F = \frac{F_L - F_U}{2} = F_L - \frac{G}{2} = \frac{G}{2} - F_U \tag{3.13}$$

이제 질문은 기초가 전도에 대하여 충분히 안정할 수 있도록 ΔF를 충분히 가질 수 있는가 하는 것이다.

3.2.4 기초에 의해 발휘되는 저항 모멘트

수직방향으로 기초 스프링은 $F = G/2$의 하중을 받을 때 d_G만큼의 침하량이 발생한다. 이 값은 그림 3.8a에 나타낸 바와 같이 재하 이력에 따라 달라진다. 구조물이 회전하면 기초는 ΔF 정도의 재하와 제하의 하중 차이가 발생하고, 이때의 침하량은 d_L과 d_U만큼 발생한다(그림 3.8b). 재하 시 기초의 강성은 제하 때보다 작다($K_L < K_U$). 그림 3.8a에서 다음과 같이 쓸 수 있다.

$$d_L - d_U = \frac{\Delta F}{K_L} + \frac{\Delta F}{K_U} \tag{3.14}$$

위 식과 식 (3.8)을 조합하면 하중 차이는 다음 식이 된다.

$$\Delta F = \frac{K_L K_U}{K_L + K_U} B \sin\alpha \tag{3.15}$$

그림 3.8b에서 회전 중심 O는 다음 식과 같다.

$$y = \frac{B}{2} \frac{K_U - K_L}{K_U + K_L} \tag{3.16}$$

식 (3.15)를 (3.12)에 대입하여 정리하면 다음 식을 얻는다.

$$\frac{H_c}{B} \leq \frac{B}{G} \frac{K_L K_U}{K_L + K_U} \cos\alpha \qquad (3.17)$$

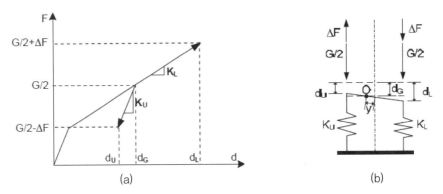

그림 3.8 기초에 의해 발휘되는 저항 모멘트: (a) 기초의 하중 – 변위 거동 (b) 거동 모식도

3.2.5 스프링계수

기초의 스프링계수 K_L과 K_U는 그림 3.8a의 단계별 거동을 실물시험을 하지 않는 한 다음과 같은 방법으로 추정한다. 보수적인 측면에서는 식 (3.17)의 오른쪽 항의 값을 최솟값으로 결정한다. 먼저 이미 연구된 바(Cheney et al., 1991)에 따르면 Whinkler 이론은 탑의 하부 응력 분포에서 차이를 보이기 때문이 탄성 반무한체 이론보다 보수적이다. 두 번째로 스프링 계수는 식 (3.1)에서 보았을 때 지반반력계수 k와 관련되는데, 이 값은 다음 식으로 표현된다 (Lang et al., 2007)

$$k \geq \frac{M_E}{fb} \qquad (3.18)$$

여기서 M_E는 압축계수 f는 그림 3.9a에서 구해지는 형상계수다. 식 (3.18)에서 좌우항이

같으려면 충분히 두꺼운 압축층이어야 하는데, 유한한 지층을 대상으로 할 경우에는 강성, 즉 k값이 커진다.

세 번째로는 점토층의 경우 스프링계수는 오이도미터 압밀시험에서 결정하고 접선 압축계수 M_E는 그림 3.9b의 압밀시험에서 재하와 제하 곡선을 통해 결정한다. 이때 접선 계수는 기울기가 매우 작다.

$$M_{EL} = \ln 10 (1 + e_0) \frac{\sigma_0' + \sigma_G'}{C_c}, \ M_{EU} = \ln 10 (1 + e_0) \frac{\sigma_0' + \sigma_G'}{C_s} \tag{3.19}$$

여기서, $\sigma_G' = G/2Lb$: 수직 구조물의 기초 접지압

$\quad\quad C_c \quad\quad$: 압축지수

$\quad\quad C_s \quad\quad$: 팽창지수

$\quad\quad e_0 \quad\quad$: 초기 간극비

$\quad\quad \sigma_0' \quad\quad$: 초기 응력

$\quad\ln 10 \approx 2.30$

식 (3.19)에서 초기응력을 무시하면 보수적인 측면에서 검토가 된다.

$$M_{EL} > 2.3 (1 + e_0) \frac{\sigma_G'}{C_c}, \ M_{EU} > 2.3 (1 + e_0) \frac{\sigma_G'}{C_s} \tag{3.20}$$

마지막으로 식 (3.18)과 (3.20)을 식 (3.1)에 대입하여 정리하면 보수적인 스프링계수를 얻는다.

$$K_L > 2.3 (1 + e_0) \frac{G}{2fbC_c}, \ K_U > 2.3 (1 + e_0) \frac{G}{2fbC_s} \tag{3.21}$$

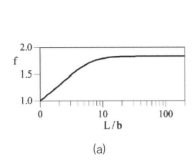
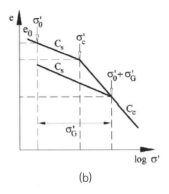

(a)   (b)

그림 3.9 재하와 제하 시 흙의 강성: (a) 지반반력계수의 수정계수 (b) 압밀시험 응력 – 간극비 곡선

3.2.6 기울음 불안정성 기준

기초의 스프링계수를 실물 현장시험을 통해 얻은 경우, 수직 구조물에 대한 안정성 기준을 식 (3.17)에서 $\alpha = 0$으로 하면 다음과 같이 된다.

$$\frac{H_c}{B} \le \frac{B}{G}\frac{K_L K_U}{K_L + K_U} \tag{3.22}$$

대부분의 경우 기초에 대해 실물 시험을 수행하기 어려우므로 안정성 기준은 실내 시험을 통해 흙의 강성을 평가하는 것을 통해 확인한다. 식 (3.21)을 식 (3.22)에 대입하여 정리하면 다음과 같다.

$$\frac{H_c}{B} \le \frac{B}{f(L/b)b}\frac{1.15(1+e_0)}{C_c + C_s} \tag{3.23}$$

여기서 f는 그림 3.9a에서 구하며, 위 기준을 만족하지 못할 때 수직에서 조금이라도 기울게 되면 구조물은 전도한다.

링기초의 경우에는 식 (3.4)를 식 (3.23)에 대해 정리하면 다음과 같이 된다.

$$\frac{H_c}{r} \leq \frac{\rho^2 + 1/12}{f(\pi\rho)\rho} \frac{2.3(1+e_0)}{C_c + C_s} \tag{3.24}$$

여기서,

$$\rho = r/b, \ \rho \geq \sqrt{5/12} \approx 0.65 \tag{3.25}$$

식 (3.25)의 부등관계는 식 (3.4)에서 $B \geq b$인 조건을 따르며 그림 3.5b에 표시된 두 개의 등가기초가 겹쳐지지 않는다.

내부가 빈 정사각형 기초의 경우에는 식 (3.6)을 식 (3.23)에 대해 정리하면 다음과 같이 된다.

$$\frac{H_c}{r} \leq \frac{4\rho^2 + 1/2}{3f(4\rho)\rho} \frac{2.3(1+e_0)}{C_c + C_s} \tag{3.26}$$

여기서,

$$\rho = r/b, \ \rho \geq 0.5 \tag{3.27}$$

식 (3.27)의 부등관계는 식 (3.6)에서 $B \geq b$인 조건인 경우에 만족한다. 식 (3.24)의 기준을 적용하여 실제에 부합하는 기울음 불안정성 해석될 수 있는 최소 H_c/r 비를 정할 수 있다. 식 (3.24) 우측항의 최솟값은 $f(\pi\rho) \approx 1.3$, $\rho = \sqrt{5/12} \approx 0.65$에서 얻는다. 보통의 점토는 $(1+e_0)/(C_c + C_s) \geq 2$이기 때문에,

$$H_c/r = 2.74 \tag{3.28}$$

앞의 값보다 큰 것은 기준식 (3.24)를 사용하여 확인할 필요가 있다. 쉽게 말해서 얕은기초 형식의 링기초가 직경의 3배보다 높이가 높은 경우 기울음 불안정성을 검토해야 한다는 뜻이다.

내부가 빈 정사각형 기초의 경우 $H_c/r = 3.54$가 되므로 링기초 형식과 비교하여 기울음 불안정성이 보다 효율적임을 알 수 있다.

3.2.7 안전율

식 (3.22)~(3.27)을 통해 구조물 설계에서 임계 높이/폭 비를 확인할 수 있다. 이미 α의 각도로 경사지게 존재하고 있는 구조물에 대해서는 다음 식과 같이 기울음 불안정성에 대한 안전율을 산정할 수 있다.

$$F_s = \frac{(H_c/B)_{cr}}{H_c/B} = \frac{B^2}{H_c G} \frac{K_L K_U}{K_L + K_U} \cos\alpha \tag{3.29}$$

또는

$$F_s = \frac{B^2}{f(L/b)H_c b} = \frac{1.15(1+e_0)}{C_c + C_s} \cos\alpha \tag{3.30}$$

링 기초의 경우에는 다음과 같이 안전율 식을 정의한다.

$$F_s = \frac{r}{H_c} \frac{\rho^2 + 1/12}{f(\pi\rho)\rho} \frac{2.3(1+e_0)}{C_c + C_s} \cos\alpha \tag{3.31}$$

내부가 빈 정사각형 기초의 안전율은 다음과 같다.

$$F_s = \frac{r}{H_c} \frac{4\rho^2 + 1/2}{3f(4\rho)\rho} \frac{2.3(1+e_0)}{C_c + C_s} \cos\alpha \tag{3.32}$$

3.2.8 지지력

기울어진 구조물(그림 3.7)에서는 F_L이 한 측면에서 증가하고(반대 측면은 제하 상태) 접지압 σ_L도 달라진다. 접지압은 수직력 평형식(3.9), 모멘트 평형식(3.10)과 (3.11)에서 다음과 같이 구한다.

$$F_L = \frac{G}{2} + \frac{GH_c}{B}\tan\alpha, \ \sigma_L(\alpha) = \frac{G}{bL}\left(\frac{1}{2} + \frac{H_c}{B}\tan\alpha\right) \tag{3.33}$$

구조물이 기울기 시작하면, 즉 기울음 불안정성이 초래되면 접지압은 지지력 σ_f를 초과하게 되고, 결국 기초는 파괴에 이른다. 점착력이 없는 경우 배수 조건에서의 지지력은 테르자기 식을 변형하여 다음과 같이 쓸 수 있다(Lang et al., 2007).

$$\sigma_f = (\gamma' t + q)N_q s_q d_q + (1/2)b\gamma' N_\gamma s_\gamma d_\gamma \tag{3.34}$$

여기서, γ'은 흙의 유효단위중량이고, t는 기초 깊이다. 또한 지지력계수, 형상계수, 깊이 보정계수는 다음 식과 같다.

$$N_q = \exp\left(\pi\tan\phi\right)\tan^2\left(45 + \phi/2\right), \ N_\gamma \cong 1.8(N_q - 1)\tan\phi \tag{3.35}$$

$$s_q = 1 + (b/L)\tan\phi, \ s_\gamma = 1 - 0.4(b/L) \tag{3.36}$$

$$d_q = 1 + 0.035\tan\phi(1 - \sin\phi)^2\arctan(t/b), \ d_\gamma = 1 \tag{3.37}$$

지지력 파괴에 대한 안전율은 기초지반이 갖는 지지력과 하중이 가해지는 기초면에 대한 접지압을 비교함으로써 산정한다.

$$F_s(\alpha) = \frac{\sigma_f}{\sigma_L(\alpha)} \qquad (3.38)$$

$F_s(\alpha_f) = 1$인 식을 풀 때 얻은 α_f가 구조물이 파괴될 수 있는 경사각이다.

3.2.9 요약

위에서 설명한 해석법을 요약하자면 다음과 같다.

1. 기초 안정성을 검토할 때 지지력과 침하 외에, 높이와 직경의 비가 3이 넘을 경우에는 기울음 불안정성 파괴에 대한 검토가 필요하다.
2. 위에서 설명한 단순 검토 방식으로 안정성 확인이 가능하다.
3. 안정 검토식에서는 무게중심으로부터의 높이, 평균 반경과 기초폭의 제원이 사용된다.
4. 또한 초기 간극비, 압축지수와 팽창지수를 실험을 통해 산정하여야 한다.
5. 이미 존재하는 구조물이 기울었다면 기울음 불안정성이 커질 확률이 있다.
6. 기울음 불안정성에 대한 안전율은 구조물의 기울기를 측정하여 산정한다.

3.3 거동 분석

위에서 제시한 이론적 배경을 토대로 피사의 사탑에 대한 안정성을 평가해보자.

3.3.1 단순 모델

피사의 사탑과 관련된 구조물의 제원은 다음과 같다.

- 탑의 높이 $H = 56.0\,\text{m}$
- 무게 중심까지의 높이 $H_c = 22.6\,\text{m}$

- 링기초의 폭 $\qquad b = 7.5 \, \text{m}$
- 링기초의 평균 반경 $\qquad r = 6.05 \, \text{m}$
- 초기 기초 깊이 $\qquad t_0 = 2.0 \, \text{m}$

하중 조건은 아래와 같다.

- 탑의 전체 중량 $\qquad G = 142.5 \, \text{MN}$
- 평균 수직응력 $\qquad \sigma = 500 \, \text{kPa}$
- 1990년대 초 평균 경사각 $\quad \alpha = 5.44°$

기초의 지지력이 부족하여 파괴된다면 그림 3.4a에서 볼 수 있듯이 지표 아래 7.5 m 정도까지 분포하고 있는 실트 모래층에서 일어날 것이다. 지하수위는 지표에서 1.5 m 아래에 있고, 투수성이 상대적으로 큰 사질토라서 배수 조건에서 파괴될 수 있다. Rampello와 Callisto(1998)이 연구한 바에 따라 흙의 물성치는 다음과 같이 요약된다.

- 내부마찰각 $\qquad \phi_{cv}{}' = 34°$
- 유효점착력 $\qquad c' = 0 \, \text{kPa}$
- 유효단위중량 $\qquad \gamma' = 9 \, \text{kN/m}^3$

탑이 기울어지는 배경은 하부의 점토층에서 압밀이 발생하는 경우가 유력하다. Rampello와 Callisto(1998)이 연구한 바에 따라 점토지반의 압밀 관련 물성치는 다음과 같이 요약된다.

- 압축지수 $\qquad C_c = 0.90$
- 팽창지수 $\qquad C_s = 0.15$
- 초기 간극비 $\qquad e_0 = 1.5$

첫 번째 검토해볼 것은 지지력이 부족하여 기울어졌냐는 것이다.

3.3.2 지지력

먼저 1단계 시공 직후 탑이 아직 똑바로 서 있을 때의 지지력을 산정해보자. 식 (3.4)를 사용하여 등가기초의 길이를 산정한다.

$$L = \pi r = 3.14 \times 6.05 = 19.00 \text{ m}$$

등가기초의 폭은 $b = 7.5$ m, 기초의 깊이는 $t = 2.0$ m, $\phi'_{cv} = 34°$이므로 식 (3.35)~(3.37)에서 지지력 계수를 구한다.

$$N_q = 29.4, \ s_q = 1.27, \ d_q = 1.07$$
$$N_\gamma = 34.5, \ s_\gamma = 0.84, \ d_\gamma = 1.00$$

배수 조건의 지지력을 식 (3.34)로 구하면 다음과 같다.

$$\sigma_f = (19 \times 1.5 + 9 \times 0.5) \times 29.4 \times 1.27 \times 1.07 + \frac{1}{2} \times 7.5 \times 9 \times 34.5 \times 0.84 \times 1.00 = 2,300 \text{ kPa} \qquad (3.39)$$

아직 기울어지지 않은 탑의 지지력 파괴에 대한 안전율은 다음과 같다.

$$F_s = \frac{\sigma_f}{\sigma} = \frac{2,300}{500} = 4.6 \qquad (3.40)$$

지지력만을 보면 충분히 안전하고, 기본적으로 기초지반을 특성을 감안할 때 얕은기초 형식에는 문제가 없어 보인다.

이제, 탑이 기울어졌을 때 양 단에서 접지압이 다른 경우를 생각해보자. 식 (3.4)에서 $B =$ 9.1 m인 경우에 식 (3.33)에서 다음을 얻을 수 있다.

$$\sigma_L(\alpha) = \frac{142,500}{7.5 \times 19}\left(\frac{1}{2} + \frac{22.6}{9.1}\tan5.44°\right) = 750\,\text{kPa} \tag{3.41}$$

이때의 안전율은 다음과 같이 되므로 아직 안정하다고 볼 수 있다.

$$F_s = \frac{\sigma_f}{\sigma_L} = \frac{2,300}{750} = 3.07 > 3 \tag{3.42}$$

그러나 실제 파괴가 더 깊은 심도에 있는 연약한 상부점토층에서 발생할 것이므로 위의 검토는 보수적으로 수행되었다고 볼 수 없다. 계산상 안전율은 1보다 크므로 지지력 부족에 따른 기울음으로만 설명할 수 없고, 다른 요인이 있을 것으로 예상할 수 있다. 식 (3.28)의 높이/폭 비는 다음과 같으므로, 기울음 불안정성에 대한 검토가 필요하다.

$$H_c/r = 22.6/6.0 = 3.77 > 2.74 \tag{3.43}$$

3.3.3 기울음 불안정성

식 (3.24)에 관련 변수값을 대입하면 다음과 같은 안정조건을 얻는다. 여기서 $\rho = 0.81$이고 $\pi\rho = 2.5$, 그림 3.9a에서 $f = 1.4$이다.

$$\frac{H_c}{r} \le 3.56 \tag{3.44}$$

위 값과 식 (3.24)의 비를 비교해보면 다음과 같은 기울음 불안정성에 대한 안전율을 얻는다.

$$F_s = \frac{3.56}{3.77} \cos 5.44° = 0.94 < 1.00 \tag{3.45}$$

지지력에 대한 안전율 식 (3.42)와는 달리, 탑의 기울음에 대한 안전율은 경사각도가 미치는 영향을 무시할 정도다(cos5.44° = 0.9955).

사실상, 이미 2단계 공사 말엽인 1278년에 종탑은 거의 수직으로 서 있었고, 이때의 높이는 48 m, 탑의 무게는 13,600톤에 달했고 무게 중심은 H_c = 20.7 m로서 기울음에 대한 안전율은 다음과 같이 산정되어 파괴가 임박했음을 알 수 있다.

$$F_s = \frac{3.56}{20.7/6.0} = 1.03 \tag{3.46}$$

따라서 그 시점 이후 급격히 기울어진 것은 자명한 일이라고 생각된다.

3.3.4 결과 토론

피사의 사탑에 대한 단순 모델 해석법은 Winkler 가설과 등가기초 방식을 토대로 수행된 것으로서 탑의 공간적 변화, 재하조건, 흙의 물성 변화와 3차원 적인 응력 – 변형율 분포 상황 등의 자세한 내용은 설명할 수 없다. 또한 매우 중요한 시간 경과에 따른 기울음 변화양상도 무시하였다. 단순화되긴 하였지만 탑의 2단계 건설 직후부터 시작한 기울음 현상은 설명이 가능하다. 이러한 접근 방법은 역해석이 아니다. 단순히 탑의 제원에 대한 3개 변수와 실내 시험을 통해 얻은 압밀 관련 세 가지 물성치, 총 여섯 가지의 변수를 통해 수행된 것이다. 물론 피사 점토에 대하여 수행된 압밀시험 결과는 편차가 있는데, 광범위하게 연구를 수행한 Rampello와 Calisto(1998)가 추천한 값을 사용하였다. 단순한 접근방법이지만 중요한 거동형 태인 복잡한 탑의 기울음 현상을 적확한 물성치를 사용함으로써 명쾌하게 파악할 수 있는 기법이 될 수 있음을 보여줬다.

3.4 기울음 감소 대책

피사의 사탑이 기우는 것을 정지시키기 위해 대대적인 활동이 전개되었다. 1989년에 Pavia 에서 무너진 탑의 사례가 반복되지 않도록 이탈리아 정부는 위원회를 결성하였다. 위원회에 참여한 지반공학 전문가를 대표하여 M. Jamiolkowski 교수 외에 J. Burland, G. Leonards, C. Viggiani 등이 참여하여 그림 3.10과 같은 3단계 대책을 계획하였다.

1단계는 탑의 벽체에서 가장 응력이 집중된 지점을 대상으로 구조적인 보강을 실시하였는데, 벽체의 두께가 변하는 지점이 대상이었다(그림 3.10b 중 원으로 표시한 부분). 이를 위해 1992년에 탑의 내부 원형보(cornice)에 소규모 프리스트레스 강선을 설치한 후 피복하였다.

2단계로는 전도 모멘트를 임시적으로 줄이기 위한 작업이었다. 1993년에 프리캐스트 콘크리트 링 보와 690톤 규모의 납괴를 북측기초 주변을 따라 설치하였다(그림 3.10a). 이를 통해 탑의 경사를 1각분(1 arc minute) 정도로 감소시켰다.

3단계는 항구적으로 탑의 경사를 감소시키는 것이다. 원래는 탑의 북측에 놓였던 납괴를 제거한 다음에 수직방향으로 힘을 가할 수 있는 그라운드 앵커를 사용할 계획이었다. 그러나 1995년(위원회 위원들이 검은 9월이라고 부르는 시점)에 탑 주변의 지반을 동결시켜 안정화

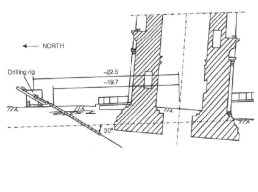

(a)   (b)

그림 3.10 지반공학적인 안정 대책(Burland et al., 1998): (a) 임시 대책 (b) 영구 대책

시키려는 공법을 적용하던 중 탑이 갑작스레 기울어졌고, 공사는 중지되었다. 따라서 재검토 끝에 흙을 드러내는 공법으로 변경하였다. 이는 1장에서 설명하였듯이 멕시코시티에서 널리 사용된 공법이다. 피사의 사탑 현장에도 효과를 발휘하여 2001년 5월까지 탑은 1840년대 기울기 수준까지 회복하게 되었다. 최종적으로 통로(catino)와 종탑 기초를 주입공법으로 체결시켰다. 적용된 공법으로 지금보다 더 탑을 세울 수 있었으나, 아무도 똑바로 선 피사의 종탑은 바라지 않는다.

3.5 사례 교훈

3.5.1 기울음 불안정성

좁고 높은 구조물이 연약지반 위에 놓일 때 기울음 불안정성이 발생하면 부등침하를 야기하는 미소 경사라도 파괴에 이를 수 있다.

3.5.2 파괴

구조물이 일단 기울어지면 구조적 또는 기초지지력 부족에 의한 파괴를 초래할 수 있다.

3.5.3 깊은기초

기울음 불안정성에 대한 문제점을 내포하고 있으면, 얕은기초의 폭이 충분히 넓지 않는 한 얕은기초 형식은 피해야 한다. 파일과 같이 깊은기초는 기초의 강성을 키우고 인장력에 대한 저항력을 발휘할 수 있으므로 안정성이 크게 개선될 수 있다.

3.5.4 흙 제거

이미 기울어진 구조물이 있다면 구조물의 안정을 위해 기울어진 측의 흙을 제거하는 것이 상당히 효과적인 방법이다.

참고문헌

Burland, J.B., Jamiolkowsky, M. and Viggiani, C. (1998) Stabilizing the leaning tower of Pisa. *Bulletin of Engineering Geology and the Environment* 57, 91-99.

Burland, J.B. and Potts, D.M. (1994) Development and application of a numerical model for the leaning tower of Pisa. *Proceedings of the First International Conference on Pre-failure Deformation Characteristics of Geomaterials*, Sapporo, Japan, 715-735.

Burland, J.B. and Viggiani, C. (1994) Observazioni sulcomportamento della Torre di Pisa. *Rivista Italiana di Geotecnica* 28, 179-200.

Cheney, J.A., Abghari, A. and Kutter, B.L. (1991). Stability of leaning towers. *ASCE Journal of Geotechnical Engineering* 117 (2), 297-318.

Hambly, E.C. (1985) Soil buckling and the leaning instability of tall structures. *The Structural Engineer* 63A (3), 77-85.

Hambly, E.C. (1990) Overturning instability. *ASCE Journal of Geotechnical Engineering* 116 (4), 704-709.

Lang, H.J., Huder, J., Amann, P. and Puzrin, A.M. (2007) *Bodenmechanik und Grundbau*. Springer Verlag, Berlin, pp.354

Rampello, S. and Callisto, L. (1998) A study on the subsoil of the Tower of Pisa based on results from standard and high-quality samples. *Canadian Geotechnical Journal* 35, 1074-1092.

PART

II

BEARING CAPACITY

캐나다 트랜스코나 곡물 저장고 지지력 파괴

Bearing Capacity Failure:
Transcona Grain Elevator, Canada

4.1	**사례 설명**	**82**
4.1.1	시공	83
4.1.2	붕괴	84
4.1.3	문제점	85
4.1.4	지지력 파괴	86
4.2	**이론 배경**	**87**
4.2.1	비배수 지지력 공식	87
4.2.2	상계 해석	88
4.2.3	2층 지반	91
4.2.4	요약	93
4.3	**거동 분석**	**94**
4.3.1	모델 변수	94
4.3.2	원 설계 추정 지지력	95
4.3.3	보수적 평가	95
4.3.4	2층 지반	96
4.3.5	결과 토론	97
4.4	**피해 복구 대책**	**97**
4.4.1	곡물 저장고 비움	97
4.4.2	작업동 하부 보강	98
4.4.3	원통형 저장고 바로 세우기	99
4.4.4	원통형 저장고 하부 보강	100
4.5	**사례 교훈**	**100**
4.5.1	지반 조사	100
4.5.2	현장재하시험	101
4.5.3	보수적 설계	101
4.5.4	상계 해석	101
참고문헌		**102**

캐나다 트랜스코나 곡물 저장고 지지력 파괴

Bearing Capacity Failure:
Transcona Grain Elevator, Canada

4.1 사례 설명

1913년 9월, 캐나다 태평양 철도회사는 위니펙(Winnipeg)에서 북동쪽으로 11 km 떨어진 곳에 1백만 부쉘(36,400 m³) 규모의 곡물 저장 창고를 지었다. 곡물창고는 매우 중요한 구조물이었고, 그 당시 세계에서 규모가 가장 큰 부지였는데, 가로 세로가 수 마일에 이르고, 원래 이 부지는 주로 농장부지나 평원이었던 곳이다. 곡물창고를 세운 목적은 곡물 수송이 많은 시기에 저장 공간을 갖기 위함이었다.

저장고는 철근 콘크리트 작업동과 원통형 저장고로 구성되어 있는데, 직경 4.4 m, 높이 28 m인 원통을 5열, 13줄로 연경한 형태이다. 원통형 저장고는 철근 콘크리트 뜬기초로 지지되고, 내부에 벨트 컨베이어를 갖추었다.

구조물이 완공된 후, 내부를 채우기 시작하였고 곡물 하중이 등분포로 작용하게 되었다. 1913년 10월 18일에 저장용량 87.5%에 이르렀을 때 원통형 저장고 쪽에서 침하가 관찰되었다. 1시간 후 균등침하가 30 cm 정도 발생하다가 서쪽으로 기울게 되었고(그림 4.1a, b) 24시간이 경과한 시점에는 경사도가 27° 정도가 되었다(Allaire, 1916).

수년 후, 토질역학이 지반의 극한 지지력을 계산할 수 있게 되었을 때 트랜스코나에서 일어난 파괴는 기초 지지력 검토 시의 가정사항을 실제 크기로 확인할 수 있는 좋은 계기가 되었다(Peck & Bryant, 1953).

(a)   (b)

그림 4.1 트랜스코나 곡물 저장 창고 붕괴: (a) 남서측에서 바라본 전경(Engineering News, 1913) (b) 북서측에서 바라본 전경(White, 1953)

4.1.1 시공

기초를 놓기 위해 1911년 굴착이 시작되었다. 처음 1.5 m까지는 연약한 점토이고, 하부는 견고한 청색 점토로서 이 지역에서는 전형적인 지반 특성이며 'blue gumbo'라는 별칭으로 불렸다. 시추조사는 시행되지 않았고(White, 1093), 3.7 m까지 굴착이 완료된 상태에서 현장 지지력 시험이 수행되었다. 시험재하는 특수하게 제작된 목재 틀을 사용하였다.

시험 결과에 따르면 기초지반은 적어도 400 kPa 정도의 분포하중을 감당할 수 있을 것이라고 분석되었다(Engineering News, 1913; Allaire, 1916). 기초에 작용하는 하중이 300 kPa를 넘지 않을 것으로 산정되어 시험은 만족스럽게 완료되었다. 위니펙 지역의 현장 경험에 따라 blue gumbo 지층은 뜬기초로 지지되는 대형 구조물을 문제점 없이 지지할 수 있을 것으로 바라봤다.

그림 4.2a에 나타낸 바와 같이 기초는 두께 60 cm, 크기는 23.5×59.5 m인 철근 콘크리트 슬래브로서 원통형 저장고를 지지하는 지하의 컨베이어 벨트 터널의 콘크리트 작업 여건을 확보하도록 계획되었다. 원통형 저장고는 1912년 가을과 겨울에 시공되었는데, 총 28 m 높이에 달할 때까지 매일 1 m씩 빠르게 세워졌다. 높이가 55 m인 작업동은 원통형 저장고에서 3 m 정도 떨어진 곳에서 21.5×29.3 m의 크기로 기초 슬래브가 시공되었다. 두 건물은 컨베이어 벨트를 위한 교량으로 연결되었다. 1913년 가을경, 곡물 저장고가 완공되었고(그림 4.2b), 곡물이 채워지기 시작되었다. 이때만 해도 건물은 아직 수직 상태를 유지하고 있었고 침하는 관찰되지 않았다.

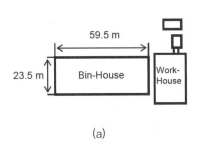
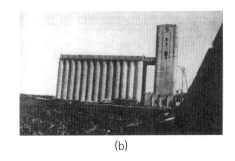

(a)   (b)

그림 4.2 곡물 저장고: (a) 기초 위치 (b) 붕괴 전 준공 상태(White, 1953)

4.1.2 붕괴

처음 문제가 생긴 것은 공사 완료 반년 전부터이나 저장고와의 연계성을 알지 못했다. 겨울 눈이 녹기 시작한 1913년 봄에 철도 부지 내의 성토제방에서 상당한 침하량이 관찰되었다(White, 1953). 지표면에서 약 9 m 위에 있는 철도궤도부는 1 m 이상 침하되어 제방 앞의 지반에서 히빙이 발생되었다.

본격적으로 문제가 발생한 것은 1913년 10월 18일이었다. 오전 11시에서 12시 사이에는 저장고에 875,099부쉘이 담겨져 있었는데, 원통형 저장고와 작업동을 잇는 교량에서 움직임이 관찰되었다. 오후 1시경 저장고는 이미 30 cm 정도 침하되고, 남측의 작업동 인접 구간을 제외한 나머지 구간에서 7.5~9.0 m의 범위로 1.2~1.5 m로 히빙이 발생되었다. 오후에는 서측의 침하 발생 속도가 증가하여 서쪽으로 저장고가 기울어졌다.

다음 날인 1913년 10월 19일 일요일에도 침하와 기울기 움직임은 계속되었다. 구조물이 서쪽으로 기울면서 주변 땅이 솟아올랐고, 이것이 완충 작용을 하여 움직임은 둔화되었다. 육안으로는 보이지 않은 정도로 움직임이 줄어들었으나 저장고와 작업동을 연결한 컨베이어 벨트 교량이 부서져서 땅에 떨어졌다. 밤 사이에 컨베이어 벨트 위의 지붕이 갑자기 붕괴되어 지상으로 낙하되었다. 결과적으로 구조물이 없어지면서 하중이 줄어들어 움직임도 없게 되었다(White, 1953). 최종적으로 원통형 저장고는 수직면에서 27° 기울어진 상태로 동쪽은 원래의 높이에서 1.5 m 이동한 형태가 되었다. 구조물과 주변 지반은 사이가 벌어지고, 서측은 원래 지표면에서 9 m 정도 낮아졌다.

당시 주된 관심사는 옆의 작업동이 문제가 생길건가였다. 측량 결과, 작업동은 원래의 형태를 유지하고 있었다. 원통형 저장고의 경우, 상대적으로 단면이 얇은 벽(thin wall)에 곡물 하중이 작용하는 데 충분한 강성을 갖게끔 설계되어 상당히 기울어졌어도 미세균열 외에는 구조물 자체의 결함은 없었다(Engineering News, 1913).

4.1.3 문제점

붕괴 사고 후 현장 주변에서 시추조사가 시행되었는데, 기초지반은 균질한 점토층으로 이루어진 것을 확인하였다. 해당 지역의 지질적인 배경을 조사하면서 인접한 빙하호인 Agassiz에 세립분이 퇴적된 것은 위스콘신 빙하가 북측 출구 쪽에서 막혔기 때문으로 밝혀졌다. 위니펙은 호상 퇴적층 위에 형성된 지역으로서 고생대 오르도비스기의 석회암층 위에 9~17 m 정도의 퇴적층이 층상으로 분포하고 있다.

당초 설계 시에 점토지반이 기초지반이라는 가정을 시추조사를 통해 확인할 수 있었으나 대형 곡물 저장고가 붕괴된 이유는 40년 동안 밝히지 못했다. 평판재하시험을 통해 최소 안전율 1.3 이상임을 확인하였고, 기초지반이 균질한 점토층이었는데, 어떻게 기초가 파괴된 것일까?

이 질문에 답을 준 것은 1951년에 파괴의 영향이 없다고 여긴 두 지점에서 추가로 시추조사를 수행한 Peck과 Bryant(1953)였다. 채취된 불교란 시료에 대해 일축 압축강도시험(구속압력이 없는 삼축전단시험)을 결과를 통해서 실마리를 찾게 되었다(그림 4.3).

점토층 시료의 색조, 입도분포, 점토광물 포함 정도 등이 깊이에 따라 균질하다고 본 결과(그림 4.3a)는 1913년 수세식 시추조사에서 파악한 것을 통해 얻은 것이다. 이에 비해 일축 압축강도 q_u의 경우에는 기초지반이 확연히 다르게 두 개의 층으로 구성되었음을 알 수 있다(그림 4.3b). 상부 7.5 m 정도는 $q_u = 108\,kPa(c_u = q_u/2 = 54\,kPa)$인 견고한 점토층이 하부 $q_u = 62\,kPa(c_u = q_u/2 = 31\,kPa)$인 연약한 점토층 위에 분포한다. 이를 통해 곡물 저장고의 붕괴는 기초의 지지력이 충분하지 않았다는 것을 보여주고 있다.

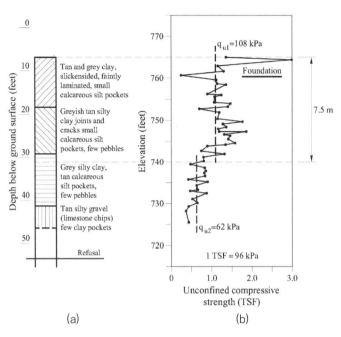

그림 4.3 곡물 저장고의 지층상태(Peck & Bryant, 1953): (a) 지층 구분 (b) 일축압축강도

4.1.4 지지력 파괴

이 책의 앞 세 장은 구조물이 파괴될 때 기초지반의 강도 부족이 아니라 압축성이 커서 과도하게 침하나 기울음이 발생하는 메커니즘을 보여주었다. 여기서는 비배수 강도가 낮아 지지력이 부족한 경우를 설명하고자 한다. 그러면 어떻게 파괴에 이를 수 있는 강도와 압축성을 구별할 수 있을까.

압밀이나 2차 압축에 의해 과도한 침하가 발생하며 이는 기초 하부의 체적이 감소하는 것이 원인이다. 따라서 비교적 천천히 침하되고 구조물이 가라앉으면서 주변 지반도 함께 침하한다(그림 4.4a).

지지력이 부족하여 파괴가 일어나는 것은 그림 4.4b와 같이 구조물 기초 하부의 파괴 메커니즘에 의한다. 흙의 체적이 감소하는 것보다 매우 빠르게 침하가 발생하여 흙의 이동을 통해 주변 지반이 히빙되는 현상을 수반한다. 히빙현상은 트랜스코나 곡물 저장고(그림 4.4c) 붕괴의 특징적인 현상으로서 주변 철도 제방이 파괴될 때 나타난 현상이다.

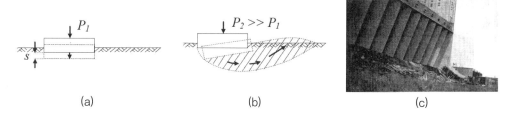

(a)　　　　　　　　　(b)　　　　　　　　　(c)

그림 4.4 지지력 파괴: (a) 침하 (b) 지지력 파괴 (c) 주변 지반 히빙(White, 1953)

트랜스코나 곡물 저장고를 시공하기 전에 평판재하시험을 통해 견고한 점토층에서 발휘될 수 있는 지지력을 확인하였으나 평판 크기가 작아서 하부의 지지력 특성을 확인하지 못했다는 점을 지적하고 싶다. 저장고의 규모로 볼 때 기초지반에 작용되는 하중은 더 깊은 연약 점토층까지 미쳤을 것으로 생각된다.

다층토 지반의 지지력 문제는 많은 관심을 끌고 있어서 전통적인 해석적인 방법이나 수치 해석 기법으로 다양하게 접근하고 있다(Merifield et al., 1999). 이 장의 목적은 트랜스코나 곡물 저장고 붕괴 사고를 간단한 개략방법으로 충분히 설명할 수 있는 지지력 예측 기법을 소개하기 위함이다.

4.2 이론 배경

4.2.1 비배수 지지력 공식

비배수 전단강도 c_u, 단위중량 γ인 기초지반에서 $b \times L$ 규모의 직사각형 기초에 빠르게 하중이 재하될 때 깊이 t에서 발휘되는 비배수 극한 지지력은 다음과 같은 테르자기 식에 의해 결정한다(Lang et al., 2007).

$$\sigma_f = (\gamma t + q) + c_u N_c (1 + s_c + d_c) \tag{4.1}$$

여기서, q: 상재하중

지지력 계수는 다음과 같다.

$$N_c = 2 + \pi \approx 5.14 \tag{4.2}$$

형상계수는 다음과 같다.

$$s_c = 0.2 \frac{b}{L} \tag{4.3}$$

깊이 보정계수는 다음과 같다.

$$d_c = 0.4 \frac{t}{b} \tag{4.4}$$

지지력에 대한 안전율은 접지압을 σ라고 할 때 다음과 같다.

$$F_s = \frac{\sigma_f}{\sigma} \tag{4.5}$$

4.2.2 상계 해석

식 (4.2)의 지지력 계수는 Prandtl(1920)이 그림 4.5a와 같이 줄기초에 대한 운동학적 파괴

그림 4.5 운동학적 파괴 메커니즘: (a) Prandtl (b) 단순 원호

메커니즘에 의한 상계 해석법에서 결정한다. 여기에서는 두 개의 삼각형 강체블록이 부채꼴 형상의 전단영역을 갖는다고 보았다.

지지력 문제는 한계해석의 상계정리(The Upper Bound Theorem of the Limit Analysis; Drucker et al., 1952)에서 설명된 바와 같이, "붕괴는 지표면에 작용하는 하중 중에서 운동학적으로 파괴 메커니즘을 유발하는 최솟값이 작용될 때 발생한다"는 원칙을 따른다. 비배수 재하조건을 적용할 때 소성변형을 설명하는 Tresca의 항복기준에서는 파괴 메커니즘은 다음과 같이 조건을 만족할 때 운동학적으로 성립한다고 본다.

- 비압축성 조건을 만족
- 주어진 운동학적 경계조건을 만족

그림 4.5a의 Prandtl 메커니즘은 운동학적으로 받아들일 수 있는 조건이다.

간단하게, 만약 운동학적으로 성립될 수 있는 메커니즘을 찾고 파괴에 이를 수 있는 하중을 결정한다면, 이 하중은 실제 파괴하중과 같거나 큰 값이 된다. 이 하중을 찾기 위해 관성효과 (inertial effect)가 없는 상태에서 작용하중과 작용점에서의 변위 발생률을 곱해 구해지는 작용하중이 한 일은 내부에서 발휘된 소성일 발생률과 같아야만 한다. 우리는 항상 작용하중의 최솟값에서 파괴되는 메커니즘을 찾으려 하고, 찾는다면 최소하중은 '한계해석의 하계정리'에서 구하는 최댓값과 같다(Drucker et al., 1952). 이렇게 되면 그림 4.5a에서 나타내는 Prandtl 메커니즘의 경우가 되며 이때 구한 하중은 파괴하중이 되어 $N_c \approx 5.14$는 정해가 된다.

상계 해석법을 보이기 위해 보다 단순한 경우를 생각해보자. 그림 4.5b와 같이 강체가 회전 중심 O(기초의 끝단)에서 반경 r인 단순 원호 형태의 메커니즘을 보이는 경우, 회전을 방해하지 않는 운동학적 경계조건을 만족한다. 강체이어서 자동으로 비압축조건도 만족한다. 따라서 운동학적으로 성립될 수 있으며 이때의 지표하중 σ_f를 찾도록 한다.

회전 강체는 그림 4.5b에서 보듯이 반시계 방향으로 미소 각변위 $d\theta$로 거동할 때 작용하중이 한 일은 다음 식과 같이 힘과 변위를 곱하여 산정할 수 있다.

$$W = [\sigma_f b - (\gamma t + q)b]\left(\frac{b}{2}d\theta\right) \tag{4.6}$$

원호 경계면에서 강체가 미소 회전할 때 잃는 내부 소성일은 원호 활동면을 따라 발휘되는 전단저항과 변위를 합산하여 구한다.

$$W^P = (2\alpha r c_u)(r d\theta) \tag{4.7}$$

식 (4.6)과 (4.7)을 같게 놓고, 파괴하중 σ_f로 정리하면 다음과 같다.

$$\sigma_f = (\gamma t + q) + c_u N_c \tag{4.8}$$

$$N_c = 4\alpha (r/b)^2 \tag{4.9}$$

이 파괴하중은 실제 파괴하중보다 크다. 그러나 그림 4.5b의 강체 원호 운동학적 메커니즘에서 해석적으로 산정한 파괴하중을 최소화시켜 실제 파괴하중으로 근접시킬 수 있다.
$\sin\alpha = b/r = x$이므로 식 (4.9)를 다음과 같이 쓸 수 있다.

$$N_c = 4x^{-2}\arcsin x \tag{4.10}$$

최소파괴하중은 x에 대해 $\partial N_c/\partial x = 0$을 취함으로써 다음과 같이 얻는다.

$$-8x^{-3}\arcsin x + 4x^{-2}/\sqrt{1-x^2} = 0 \tag{4.11}$$

식 (4.11)의 해는 $x \approx 0.919$가 되며 이는 가장 위험한 메커니즘인 그림 4.5b의 기초 끝단 위, O로부터 $b\sqrt{1/x^2-1} \approx 0.43b$인 조건과 일치한다. 또한 최소파괴하중인 $N_c \approx 5.52$와도 일

치한다. 원호활동이라는 것을 감안할 때 Prandtl 메커니즘보다 훨씬 단순함에도 불구하고 실제 파괴하중 조건인 $N_c \approx 5.14$와 7% 정도를 차이 밖에 보이지 않는다. 이와 같은 원호 형태의 접근방법은 다층토 지반의 지지력을 설명할 때 효과적으로 작용한다.

4.2.3 2층 지반

지금까지는 기초지반이 균질한 한 개의 층으로 구성된 경우를 다루었다. 그림 4.6과 같이 상부층의 두께가 D, 비배수 강도가 c_{u1}이고 하부층은 두께가 $b - D$보다 크고 비배수 전단강 도가 c_{u2}인 경우를 생각해보자.

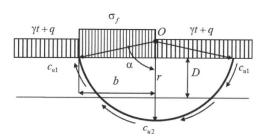

그림 4.6 2층 지반: 운동학적 파괴 메커니즘

그림 4.5b의 Prandtl 메커니즘은 파괴하중을 산정하기가 매우 어렵고 정해를 준다고 보장할 수 없다. 근사해를 구하기 위해 개략적인 파괴 메커니즘 깊이인 $b/2$에서 비배수 전단강도를 가중평균을 구하면 다음과 같다.

$$c_u = c_{u1}m + c_{u2}(1 - m) = c_{u1}(m + n - mn) \tag{4.12}$$

여기서,

$$m = 2D/b, \ n = c_{u2}/c_{u1} \tag{4.13}$$

이를 식 (4.1)에 대입한다. 실무적으로는 자주 쓰이지만 이는 엄밀한 소성론에서 정해는 아니고, 이렇게 구한 지지력이 파괴하중의 참값보다 큰지 작은지도 모른다.

그림 4.6의 원호 메커니즘은 상계 해석법에서 엄밀해를 구할 수 있게 한다. 미소 각변위 $d\theta$가 생겼을 때 지표면 하중이 한 일은 식 (4.6)으로 주어진다. 활동 경계면에서 미소 각변위가 일어나면서 발생하는 내부 소성일은 두 개의 항으로 정리된다.

$$W^P = \left(2\alpha r c_{u1} + 2\arccos\left(\frac{\sqrt{r^2 - b^2} + D}{r}\right) r(c_{u2} - c_{u1})\right)(r d\theta) \tag{4.14}$$

식 (4.6)과 (4.14)를 등치시키면 파괴하중 σ_f를 다음 형태로 정리할 수 있다.

$$\sigma_f = (\gamma t + q) + c_{u1} N_c \tag{4.15}$$

여기서,

$$N_c = 4\left(\alpha + (n-1)\arccos\left(\sqrt{1 - \left(\frac{b}{r}\right)^2} + \frac{m}{2}\frac{b}{r}\right)\right)\left(\frac{r}{b}\right)^2 \tag{4.16}$$

다시, 가장 위험한 운동학적 메커니즘을 찾기 위해 파괴하중을 최소화하고 실제 파괴하중에 근접하여야 한다. $\sin\alpha = b/r = x$이기 때문에 식 (4.16)을 다음과 같이 쓸 수 있고,

$$N_c = 4x^{-2}\left(\arcsin x + (n-1)\arccos\left(\sqrt{1 - x^2} + \frac{mx}{2}\right)\right) \tag{4.17}$$

최소 파괴하중을 얻기 위해 x에 대해 $\partial N_c / \partial x = 0$을 취하면 다음과 같다.

$$-8x^3 \left(\arcsin x + (n-1)\arccos\left(\sqrt{1-x^2} + \frac{mx}{2} \right) \right) +$$

$$4x^{-2}\left(\frac{1}{\sqrt{1-x^2}} - \frac{(n-1)\left(-\frac{x}{\sqrt{1-x^2}} + \frac{m}{2} \right)}{\sqrt{1 - \left(\sqrt{1-x^2} + \frac{mx}{2} \right)^2}} \right) = 0 \qquad (4.18)$$

식 (4.18)을 x에 대하여 수치적으로 풀면, 특정 m, n에 대해 가장 위험한 메커니즘과 일치한다. 여기서 구한 x를 식 (4.17)에 적용하면 최소의 파괴하중을 구할 수 있다. 하부층이 더 연약한 경우, 즉 $c_{u1} \le c_{u2}(0 \le n \le 1)$, $0 \le m \le 3$인 경우 N_c값은 그림 4.7에서 찾을 수 있다(Button, 1953).

균질한 토층에 대한 지지력 계수는 $N_c \approx 5.52$를 초과할 수 없다.

4.2.4 요약

Prandtl이 제안한 파괴 메커니즘을 토대로 정리된 지지력공식을 적용하여 균질한 토층에 대한 정해를 구할 수 있다. 그러나 소성론과 관련하여 가정 사항이 있고 지반역학에서 과연 정해가 있을 것인가에 대해 의문이 있긴 하다. 2층 지반에 대해서는 이 공식을 그대로 적용할 수 없고, 깊이에 따른 전단강도를 가중 평균한 값을 사용하기 때문에 엄밀한 근사식이 될 수 없다. 따라서 그림 4.6b와 같이 원호 형태의 단순한 운동학적 파괴 메커니즘을 사용하는 상계 해석법이 보다 유용하다고 본다. 그림 4.7에 나타낸 지지력 계수는 엄밀한 상계법의 결과고, 물론 실제 붕괴하중 보다 큰 값이다. 따라서 보수적이라고 보기 어려우며, 여기서 중요한 질문이 제기된다. 과연 참 값에서 얼마나 떨어져 있을까? 트랜스코나 곡물 저장고 파괴 문제 해석을 통해 축소 모델이 아닌 실제 크기의 지지력 파괴를 평가할 기회로 삼는다.

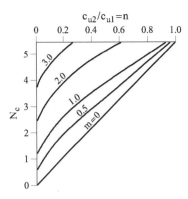

그림 4.7 2층 지반: $c_{u2} \leq c_{u1}$인 경우의 수정 지지력계수(Button, 1953)

4.3 거동 분석

위에서 소개한 이론을 토대로 트랜스코나 곡물 저장고의 지지력 파괴에 대해 간략화된 해석 기법을 수행해보자. 이는 Perloff와 Baron(1976)의 접근 방법을 따르는 것이다.

4.3.1 모델 변수

- 해석 제원(그림 4.2a, Peck과 Bryant, 1953 분석자료를 참조함)
- 직사각형 기초의 폭: $b = 23.5\,\text{m}$
- 직사각형 기초의 길이: $L = 59.5\,\text{m}$
- 기초 심도: $t = 3.7\,\text{m}$

- 지반 조건(그림 4.3, Peck과 Bryant, 1953 분석자료를 참조함)
- 기초 하부 상부 점토의 분포 심도: $D = 6.0\,\text{m}$
- 상부 점토층의 비배수 전단강도: $c_{u1} = q_{u1}/2 = 54\,\text{kPa}$
- 하부 점토층의 비배수 전단강도: $c_{u2} = q_{u2}/2 = 31\,\text{kPa}$
- 점토층의 전체 단위중량: $\gamma = 18.7\,\text{kN/m}^3$

- 하중 조건(Allaire, 1916; Peck과 Bryant, 1953 분석자료를 참조함)
  - 지표면 하중: $q = 0$
  - 평판재하시험에 의한 파괴 접지압: $\sigma_f \approx 400\,\text{kPa}$
  - 실제 파괴 시 접지압: $\sigma_f = 293\,\text{kPa}$

4.3.2 원 설계 추정 지지력

원 설계에서는 기초지반을 비배수 전단강도가 $c_{u1} = 54\,\text{kPa}$인 균질한 점토층으로 보았다. 이 경우 지지력은 식 (4.1)을 사용하여 산정할 수 있는데, 지지력 계수는 식 (4.2)~(4.4)를 적용하여 다음과 같이 결정하였다.

$$N_c \approx 5.14, \; s_c = 0.2\frac{23.5}{59.5} = 0.08, \; d_c = 0.4\frac{3.7}{23.5} = 0.06 \tag{4.19}$$

따라서 지지력은 다음과 같이 산정된다.

$$\sigma_f = (18.7 \times 3.7 + 0) + 54 \times 5.14 \times (1 + 0.08 + 0.06) = 386\,\text{kPa} \tag{4.20}$$

이와 같이 산정한 지지력은 상부층에서만 거동하는 운동학적 메커니즘의 평판재하시험 결과인 최소 파괴 접지압 $\sigma_f \approx 400\,\text{kPa}$와 유사한 결과다. 그러나 이 값은 실제 파괴 시 접지압인 $\sigma_f = 293\,\text{kPa}$보다 상당히 큰 값이다.

4.3.3 보수적 평가

기초지반이 균질하나 하부층에 강도가 더 작은($c_{u2} = 31\,\text{kPa}$) 층이 존재할 때 지지력은 다음과 같이 산정된다.

$$\sigma_f = 69.2 + 31 \times 5.14 \times 1.14 = 251\,\text{kPa} \tag{4.21}$$

만약 원 설계자가 이런 값을 사용할 수 있었다면 결과는 그다지 나쁘지 않았을 것이다. 곡물 저장고도 붕괴되지 않고 결과로 보았을 때 그다지 과설계도 아니었을 것이다. 실제로 이 값은 실제 붕괴 시 접지압인 $\sigma_f = 293\,\text{kPa}$의 20% 정도만 보수적인 수치다.

4.3.4 2층 지반

보다 엄밀하게 해석하기 위해 2층 지반을 모델로 하여 지지력 해석을 시도해보자. 먼저 Peck과 Bryant(1953)가 사용한 방법과 비배수 전단강도의 가중평균을 사용하여 Prandtl의 개략법을 적용해본다. 식 (4.13)에서 다음과 같은 식을 얻는다.

$$m = 2 \times 6.0/23.5 = 0.51, \ n = 31/54 = 0.57 \tag{4.22}$$

식 (4.12)를 적용하면, 다음과 같이 되고,

$$c_u = 54 \times (0.51 + 0.57 - 0.51 \times 1.14) = 43\,\text{kPa} \tag{4.23}$$

지지력은 다음과 같다.

$$\sigma_f = 69.2 + 43 \times 5.14 \times 1.14 = 321\,\text{kPa} \tag{4.24}$$

이는 실제 파괴 시 접지압인 $\sigma_f = 293\,\text{kPa}$보다 10% 정도 큰 값이다.

균질한 지층에 대한 Prandtl 해는 엄밀해인 반면, 2층 지반에 대한 접근법은 부정확하고 보수적이지도 않아서 이 방법이라면 붕괴를 초래할 수도 있다. 반면에 원호 메커니즘은 지지력을 추정하는 데 효과적이다. 식 (4.22)의 값을 사용하여 그림 4.7에서 지지력 계수를 구하면, 다음 식을 얻고,

$$N_c \approx 3.7 \tag{4.25}$$

식 (4.15)에 대입하면 다음과 같은 지지력을 얻는다.

$$\sigma_f = 69.2 + 54 \times 3.7 \times 1.14 = 297 \text{ kPa} \tag{4.26}$$

상계값인 결과는 예측한 바대로 파괴 시 접지압인 $\sigma_f = 293 \text{ kPa}$보다 큰 값이나 별 차이를 보이지 않으므로 실제 거동을 적확하게 예측할 수 있는 기법으로 생각된다. 붕괴 당시 시대에 토질역학이 보다 발전하여 지층의 공학적 특성을 실제에 맞게 분석하고, 이러한 접근법을 사용할 수 있었더라면 상황은 달랐을 것이다.

4.3.5 결과 토론

앞에서 본 바와 같이 지지력이 충분하지 않아서 트랜스코나 곡물 저장고가 붕괴되었다. 당시에 수행한 평판재하시험처럼 상부의 견고한 지층에서만 거동이 발생한다면 Prandtl 메커니즘에 의한 지지력 추정은 신뢰성이 컸을 것이다. 그러나 붕괴된 저장고는 기초가 커서 하부의 연약한 지층까지 하중이 전달되었을 것이다. 평균 전단강도를 적용하여 Prandtl 공식으로 산정한 결과는 정확성이 떨어지고 불안정측에서 검토되었다. 반면에 원호 활동 메커니즘 방식의 상계 해석법을 통해 실제 거동과 부합되는 예측을 할 수 있었다.

4.4 피해 복구 대책

4.4.1 곡물 저장고 비움

사고가 발생하였을 때 저장고 안의 밀을 꺼내는 것이 가장 중요했다. 서쪽의 원통형 저장고에 지표면 부근에서 구멍을 뚫고, 중력에 의해 빠져나오는 곡식을 컨베이어 벨트로 운반시켰다(그림 4.8). 한 열의 원통 저장고에서 곡식을 빼고, 다음 열로 이동하여 동일한 작업을 반복하였다. 원통형 저장고가 경사지는 경우를 생각해서 설계된 것이 아니고 비워지면서 하중조건이 달라지고 있었기 때문에 위험한 조치였다. 지표면 아래에 남아 있는 곡식은 북쪽을당시 지표면보다 더 깊게 트렌치를 파고 지하의 컨베이어 벨트를 사용하여 운반했다. 작업이어렵고 위험했지만 밀 전체를 3주에 걸쳐 빼내었다.

그림 4.8 곡물 저장고 비우기(White, 1953)

4.4.2 작업동 하부 보강

다음 단계는 작업동을 고정시키기 위한 하부 보강 작업이었는데, 여전히 불안한 상태여서조심스러웠다. 건물 내부의 24개 지점에서 직경 1.5 m인 피어를 설치하였다. 바닥 면적은작은데 건물이 높고 하중도 커서 하부 보강 작업 전에 구조물과 기초 자체를 보강할 필요가있었다. 이를 위해 건물 외곽으로 직경 1.2 m인 피어를 먼저 설치하고 목재로 틀을 짜서건물을 지지하였다. 이를 통해 건물의 자중을 트러스 형태로 분산시켜 외부 피어에 임시적으로 전달시켰다. 기초 하부로 접근 터널을 굴착하여 직경 2 m인 피어를 건물의 내부 기둥과연결한 후 직경 1.5 m 피어를 추가로 시공함으로써 건물을 새 기초에 고정시켰다. 이 공사는1914년 6월에 완료되었다.

4.4.3 원통형 저장고 바로 세우기

원통형 저장고를 바로 세우고 하부를 보강하기 위한 작업은 1914년 2월에 시작하였다. 원래의 수직도를 확보한다기보다는 원 지표면 하부 4.3 m에 위치했던 부분을 지하수위면 상부로 이동시키는 것이 목표였다. 가장 침하가 심했던 서쪽 부분에 직경 2.1 m인 피어를 일렬로 14개 설치하여 건물과 고정시켰다(그림 4.9a). 동쪽 기초하부를 굴착하면서(그림 4.9b), 건물은 회전하기 시작하여 레이커 형태의 구조로 서쪽을 지지하였다.

한 열이 14개의 피어(직경 2.1 m)로 구성된 보강 기초를 4열 더 시공하였다(그림 4.10a). 히

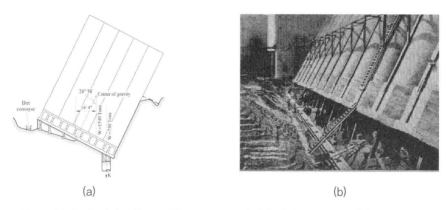

(a)   (b)

그림 4.9 붕괴로 높아진 동측부 굴착(Allaire, 1916): (a) 피어 설치 단면도 (b) 공사 광경

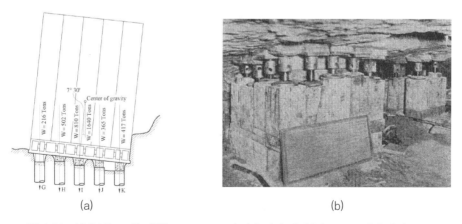

(a)   (b)

그림 4.10 서측(낮은 구간) 작업(Allaire, 1916): (a) 피어 단면 (b) 스크류 잭업 장치

빙이 발생했던 부분의 흙을 제거하여 건물이 수직방향으로 바로 잡히면서 회전 반경 중심이 두 번째 열로 옮겨진 후 점차로 중앙으로 이동하였다. 그림 4.10b와 같은 잭킹 스크류를 상향으로 올려진 서측 하부 공간에 설치하여 건물을 밀어 올릴 수 있었다.

4.4.4 원통형 저장고 하부 보강

1914년 10월에 구조물이 수직을 회복하였다(그림 4.11). 한 열에 14개의 피어가 설치된 총 5열의 보강 기초가 제자리를 잡은 후 잭킹 스크류를 제거하고 원래의 기초 슬래브와의 사이 공간을 콘크리트로 채웠다. 북쪽으로 1° 정도 기운 상태(그림 4.11)로 마무리되었지만 곡물 저장고 운영에는 지장이 없었다.

그림 4.11 저장고 구조물 복원(White, 1953: ⓒ 1953 Thomas Telford사 제공)

4.5 사례 교훈

4.5.1 지반조사

먼저 지반조사의 중요성을 거론하고 싶다. 사고 현장 부근의 비슷한 대규모 구조물이 유사한 형태의 기초로 지지되었지만 동일하게 적용되어도 사고를 막을 수 없었다. 사고 지역에는 견고한 점토층 하부에 연약한 점토층이 분포하는 특이사항은 반드시 지반조사를 통해 확인할 필요가 있다.

4.5.2 현장재하시험

현장에서 수행된 평판재하시험도 붕괴 사고를 막을 수 없었다. 흔히 이야기하는 지중응력의 크기 효과(scale effect)에 기인한 것으로, 실제 기초에 비해 터무니없이 작은 재하판을 사용하여 하부에 연약한 점토층의 존재를 시험에서 파악할 수 없었다. 현장시험 결과를 통해 올바르게 예측하기 위해서는 큰 비용이 들더라도 실물재하시험을 수행하는 것이 바람직하다.

4.5.3 보수적 설계

Prandtl 메커니즘에 근거한 테르자기 공식은 균질한 토층에서 비배수 지지력을 평가하는 데 정해를 얻을 수 있다. 하지만 2개층으로 구성된 지층조건에서 평균 전단강도를 사용하여 지지력을 평가하는 경우에는 필요 이상으로 보수적인 설계가 된다. 이 경우 지반이 균질하다고 보고, 보다 연약한 지층의 비배수 전단강도를 적용하면 지나치게 보수적인 결과를 얻어 공사비가 크게 증가한다.

4.5.4 상계 해석

단순한 운동학적 메커니즘을 적용하는 상계 해석법은 다층으로 구성된 기초지반의 지지력을 정해보다 약간 큰 값으로 구하는 데 효과적이다. 비록 보수적인 해를 얻을 수 없지만 실제 파괴하중에 가까운 값을 산정할 수 있다.

참고문헌

Allaire, A. (1916) The failure and righting of a million-bushel grain elevator. *Proceedings of ASCE* XLI, 10, 2535-2568.

Button, S.J. (1953) The bearing capacity of footings on a two-layer cohesive subsoil. *Proceedings of the 3rd International Conference on Soil Mechanics and Foundation Engineering*, Zürich, 1, 332-335.

Drucker, D.C., Prager, W. and Greenberg, H.J. (1952) Extended limit design theorems for continuous media. *Quarterly of Applied Mathematics 9*, 381-389.

Engineering News (1913) Failure of Transcona Grain-Elevator. *Engineering News* 70 (19), 944-945.

Lang, H.J., Huder, J., Amann, P. and Purzin, A.M. (2007) *Bodenmechanik und Grundbau*. Springer-Verlag, Berlin, pp.353

Merifield, R.S., Sloan, S.W. and Yu, H.S. (1999) Rigorous plasticity solution for the bearing capacity of two-layered clays. *Géotechnique* 49 (4), 71-490.

Peck R.B. and Bryant F.G. (1953). The bearing capacity failure of the Transcona Elevator. *Géotechnique* 3 (5), 201-208.

Perloff, W.H. and Baron, W. (1976) *Soil Mechanics. Principles and Applications*. John Wiley & Sons, New York, pp.745

Prandtl, L. (1920) Über die Härte plastischer Körper. *Nachrichten von der Gesellschaft der Wissenschaften zu Goettingen, Mathematisch-Physikalische Klasse*, 37: 74-85.

White, L.S. (1953) Transcona elevator failure: Eye witness account. *Géotechnique* 3 (5), 209-214.

액상화에 의한 케이슨 파괴:
스페인 바르셀로나 항만

Caisson Failure Induced by Liquefaction:
Barcelona Harbour, Spain

5.1	**케이슨 제방 건설**	**105**
5.2	**파 괴**	**107**
5.3	**지반조건**	**109**
	5.3.1 액상화	115
5.4	**침하기록 및 분석**	**120**
5.5	**케이슨 침강 중 안전**	**124**
	5.5.1 케이슨 중량	124
	5.5.2 지지력	125
	5.5.3 깊이에 따라 선형적으로 증가하는 강도를 가지는 점토층에 지지된 거친면 줄기초 지지력의 상계해	127
5.6	**케이슨에 의한 압밀과 지반강도 증가**	**132**
	5.6.1 줄기초 하부 응력 증가량과 과잉간극수압의 결정	132
	5.6.2 응력 증가	134
	5.6.3 초기 과잉간극수압	135
	5.6.4 과잉간극수압 소산	137
	5.6.5 유효응력과 수정 비배수강도	141
5.7	**케이슨 총 중량. 파괴 및 추가압밀에 대한 안전율**	**143**
	5.7.1 총 중량의 케이슨	145
5.8	**폭풍하중을 받는 케이슨**	**148**
	5.8.1 케이슨에 작용하는 파력	148
	5.8.2 정적분석과 안전율	150
	5.8.3 액상화 분석	154
5.9	**결과 토론**	**163**

5.10 대책 공법   **167**

     5.10.1 케이슨 중량에서 압밀시간의 증가   167

     5.10.2 조립질 제방크기의 증가   167

     5.10.3 기초지반의 개량   168

     5.10.4 케이슨 폭의 증가   168

     5.10.5 파괴 이후   168

5.11 사례 교훈   **168**

     5.11.1 정규압밀된 연약지반상 기초   168

     5.11.2 케이슨 하중으로 인한 강도변화   169

     5.11.3 비배수 vs 배수 분석   169

     5.11.4 비배수강도의 변화   169

     5.11.5 c_u의 공간적 분포가 파괴모드를 제어   170

     5.11.6 하중 유형 및 파괴 메커니즘   170

     5.11.7 안전율의 대안적 정의   170

     5.11.8 지반 액상화 조건의 정의   171

     5.11.9 액상화 분석 간편법   171

     5.11.10 상계 해석의 적용유연성   171

     5.11.11 파괴 메커니즘   171

5.12 고급 주제   **172**

부록 5.1 케이슨에 작용하는 수리동역학 하중   **174**

참고문헌   **177**

액상화에 의한 케이슨 파괴:
스페인 바르셀로나 항만

Caisson Failure Induced by Liquefaction:
Barcelona Harbour, Spain

5.1 케이슨 제방 건설

바르셀로나 항구의 신설 진출입부 설계는 기존 제방에 수로를 만드는 공사와 철근 콘크리트 케이슨으로 구성되는 제방으로 보호하는 공사를 포함하였다(그림 5.1).

그림 5.1 새로운 케이슨 방파제(배경은 Google Earth 사진)

케이슨(폭 19.6 m, 높이 19.5 m, 길이 33.75 m)은 모바일 플랫폼에 구축되어 그림 5.1과 같이 원하는 위치로 예인되었다. 케이슨은 셀룰라 구조를 가지고 있다. 내부의 수직 콘크리트 격벽은 케이슨을 제어된 방식으로 속채움할 수 있도록 해준다. 이러한 방식으로 케이슨을 정확하게 침강시킬 수 있다(셀 제어 침수). 케이슨을 현장에 침강시키고 셀을 모래로 속채움하면 총 중량이 증가한다. 케이슨 기초설계는 케이슨 무게와 파랑하중에 대한 안정성을 확보해야 한다.

기초지반은 두 개의 삼각주(부지의 북동쪽의 Besós강 삼각주와 남서쪽의 Llobregat강 삼각주)가 발달하면서 퇴적된 지반이다. 연약한 실트 및 실트질 점토는 표면에서 상당한 깊이(수십 미터)까지 분포하고 있다. 해안선에 가까운 구간에는 바다 쪽으로 갈수록 두께가 감소하는 모래층 띠로 덮여 있다.

바르셀로나 항구 지역은 연약한 지반이 두껍게 분포하고 있어 케이슨 안정성 확보가 어려웠다. 이에 선호된 설계방법은 방파제 양측(바다 측과 육지 측)에 뻗어 있는 원지반의 일부를 조립토로 치환하는 것이었다. 그림 5.2는 기초지반 처리 개략도다. 먼저 트렌치가 준설 굴착되고, 굵은 조립토를 다시 채운 후 케이슨 침강 준비를 위해 최종 조립토 고르기를 한다.

케이슨 침강 후 뚜껑 콘크리트로 덮으면 파도가 넘는 것을 방지하는 보호벽이 만들어진다. 모래로 채워진 케이슨으로 인해 기초지반에 가해지는 평균 순수직응력은 220 kPa 정도이고 이 계산은 뒤에 정리되어 있다.

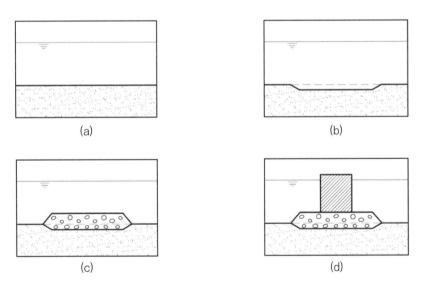

그림 5.2 케이슨 시공 순서: (a) 초기 지반 상태 (b) 트렌치 굴착 (c) 조립토 제방 확장 (d) 케이슨 침강

5.2 파괴

굵은 조립토를 채우기 위한 트렌치 준설은 2000년 11월에 완료되었으며, 이후 트렌치를 채우는 데 6개월이 걸렸다. 2001년 5월 10일 조립토 기초지반의 고르기 작업을 완료하고 그림 5.1(케이슨 1, 2, 3, 4)에 표시된 위치에 4개의 케이슨을 침강시킬 준비가 완료되었다. 하지만 케이슨 침강은 2001년 10월 중순에서야 시작되었다. 셀은 며칠 후에 모래로 속채움되었다.

2001년 11월 10일에 4 m의 최대 유의파고(significant wave height)를 일으킨 동－북동쪽 폭풍이 해안을 강타했다. 파랑주기 및 유의파고의 시간기록은 그림 5.3에 나와 있다. 11월 10일과 11월 11일 밤, 4개의 케이슨이 파괴되었다. 그림 5.4는 파괴된 케이슨의 항공사진이다. 두 개의 중앙 케이슨은 보이지 않으며, 양옆 케이슨은 기울어지고 부분적으로 잠겨 있다.

이 파괴는 연약한 기초지반의 바르셀로나 항구 지역에서 처음 적용된 방파제 유형으로 좋지 않은 경험이었다. 전통적이고 성공적인 설계 유형은 제방 유형의 방파제였다. 그러나 이 파괴는 지반 공학자들에게 입증된 표준 엔지니어링 실무에서 앞서나가 새로운 개척지, 즉 '미개척의 영역(terra incognita)'으로 옮기는 데에 따르는 위험에 대한 중요한 교훈을 주고 있다.

먼저 파괴에 대해 자세히 살펴보겠다.

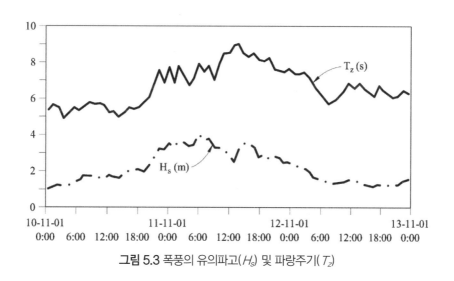

그림 5.3 폭풍의 유의파고(H_s) 및 파랑주기(T_z)

그림 5.4 붕괴된 케이슨

기록된 최대 파랑주기는 9초이다. 유의파고($H_s = 4\,m$) 측면에서 폭풍의 최대강도는 약 1시간 동안 지속되었으므로 이 지속시간 동안 파랑하중 적용 횟수는 약 250~350회이다. 그러나 파괴가 일어난 정확한 시간은 알려져 있지 않다.

파괴 발생 후 지층 단면도가 구성되었다. 지층 단면도는 작업 전과 케이슨 설치 직전의 해저 지형과 비교할 수 있다. 그림 5.5에 케이슨 3(중앙 케이슨 중 하나)의 단면에 대하여 지층 단면이 비교되어 있다. 케이슨의 원래 위치와 최종 위치도 표시되어 있다.

케이슨은 지반에 깊이 묻혀 있다. 외해방향으로 케이슨 상단의 경사는 경사하중(케이슨 자체 중량 및 파랑하중의 합력)에 의한 지지력 불안정 파괴 유형과 일치한다.

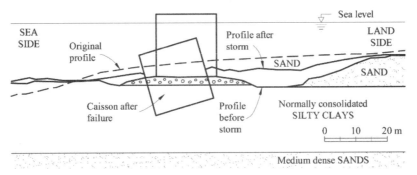

그림 5.5 파괴 전후 케이슨 3 단면: 원지반 지층 단면, 굴착 단면, 조립토 제방, 파괴 후 지층 단면

그림 5.5에서 해저바닥면 아래 지반에 묻혀 있는 케이슨의 부피는 240 m³/m로 추정된다. 묻힌 깊이는 기초지반이 액상화되었을 수 있음을 나타낸다. 이 측면에 대해서는 나중에 검토될 것이다. 케이슨 내부벽체는 심하게 손상되었다. 벽체보강은 크게 기울어지는 것에 저항하기 위한 것이 아니었다.

파괴된 4개의 케이슨은 나중에 기존의 **fill-type** 방파제로 덮여졌다. 그러나 프로젝트에서 계획하였던 나머지 케이슨은 기초설계 수정 후 건설되었다. 나중에 제시되는 침하계측치로부터 일부 기초의 지반정수(평균 강성도와 압밀계수)를 도출하였다.

그림 5.5의 지층 단면도에서 사질토층 초기굴착의 육지 쪽은 케이슨 파괴 후 다시 채워졌음을 볼 수 있다. 폭풍 전과 후의 해저바닥면 사이의 토사 부피는 약 220 m³/m로 계산되며, 이는 기초 하부에 케이슨이 묻힌 부피와 매우 유사하다. 이는 케이슨 파괴가 깊은파괴면을 따라 기초지반 토사를 육지 쪽으로 이동시켰다고 보는 것이 합리적이다. 또한 케이슨 파괴후 파랑작동이 케이슨 파괴로 이동한 토체를 넓은 지역에 걸쳐 분산시킨 것으로 추정된다.

5.3 지반 조건

그림 5.6은 케이슨 하부 지층 단면을 단순화시킨 것이다. 두께가 10 m인 느슨한 실트질 사질토층 아래 20 m 두께의 점토질 실트와 실트질 점토층이 있으며, 그 하부에 중간~조밀한 모래층이 확인되었다. 준설을 통해 상단 9 m의 모래를 제거하였다. 케이슨 하부에 다소 얇은 두께(약 2 m)로 굵은 조립토 치환층이 조성되었다. 그림 5.6에는 굵은 조립토 제방의 육지측면 추정범위도 나타나 있다. 불교란 시료 시험을 통해 추정된 지반정수 데이터와 표준관입저항, N값을 포함한 상세한 지층 분포를 그림 5.7에 나타내었다.

실트질 점토는 낮은 N값(9, 4, 4, 5, 13…)을 나타내는 연약지층이다. 중간 소성성(wL=30~32.6%)을 나타내고 소성지수가 특히 낮다(IP=4~10%). 이러한 삼각주 퇴적물은 mL, CL-ML 또는 CL로 분류된다. 간극비는 0.92~0.96로 높다.

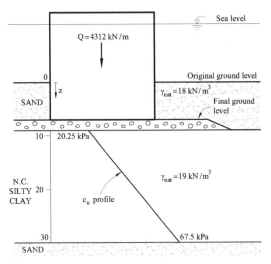

그림 5.6 케이슨 하부 지층 단면 개략도

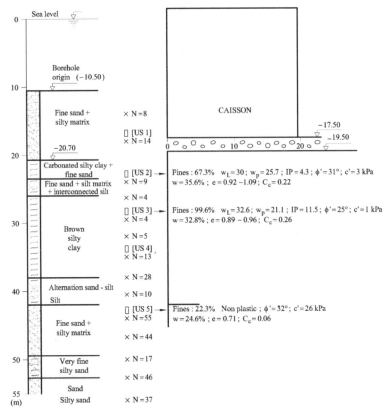

N: SPT value   US: Undisturbed Sample

그림 5.7 케이슨 하부 지층 단면 상세도

그림 5.8은 해저지반 12.50 m 깊이에서 채취한 샘플의 압밀곡선을 보여준다. 정규압밀인 경우, 수직항복 또는 선행압밀응력은 약 12.50 m×8 kN/m³=100 kPa일 것이다. 이 값은 그림에 표시된 고전적인 방법을 이용한 압밀시험으로부터 얻은 선행압밀응력값과 비슷하다. 따라서 실트 퇴적물은 정규압밀 상태인 것으로 결론지을 수 있다. 추정된 처녀압축계수 $C_c=0.22\sim$ 0.26 정도로 높게 나타났다.

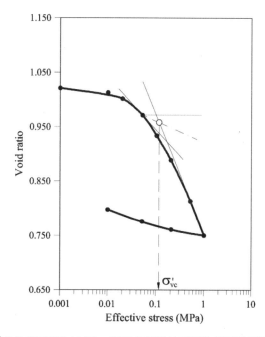

그림 5.8 해저지반 12.50 m에서 깊이에서 채취한 샘플의 압밀곡선

작은 시편에서 추정된 압밀계수에 대한 신뢰성은 제한적이다. 압밀계수를 산정하고 '현장' 투수계수를 추정하기 위해 나중에 시공된 케이슨의 침하 계측치를 분석할 것이다. 하부의 실트질 모래와 세립모래층은 훨씬 단단하다. 이것은 높은 표준관입시험 N값(N=15~46), 낮은 공극률(e=0.7) 및 채취된 시료의 압밀시험에서 측정된 작은 압축지수($C_c=0.06$)에서 나타난다.

시료에서 측정된 일축압축강도(12~19 kPa)는 정규압밀된 낮은 소성 지반에 대한 최소

허용값보다 작으며, 이 결과는 시료교란 때문인 것으로 설명할 수 있다.

정규압밀된 지반의 비배수 강도는 유효 구속응력에 따라 증가한다.

$$c_u = a\sigma_v'$$ (5.1)

여기서 σ_v'는 유효수직응력이고 a는 0.25~0.30 범위의 값을 가지는 계수이다. 평균 유효응력 (σ_m')에 대한 c_u의 산정식도 실무에서 유용하다.

$$c_u = \bar{a}\,\sigma_m'$$ (5.2)

계수 a와 $\bar{a}$에 대한 식은 다음과 같은 이론적 방법에 따라 유도될 수 있다. 예를 들어 Wood(1990)와 Potts & Zdravkovic(1999)은 Cam Clay 탄소성 모델(6장 참조)에 대한 유도방법을 제안하였다. 정지토압계수 K_0을 아는 경우 평균 유효응력은 다음과 같으므로,

$$\sigma_m' = \frac{1 + 2K_0}{3}\sigma_v'$$ (5.3)

$\bar{a}$는 다음 식 (5.4)와 같이 된다.

$$\bar{a} = \frac{3a}{1 + 2K_0}$$ (5.4)

정규압밀점토에 대해 $a = 0.25$이면 $K_0 = 0.5$이고 $\bar{a} = 0.38$이다. 이 값은 나중에 사용된다. 비배수 강도에 대한 자세한 설명은 6장에 나와 있다.

동일한 실트질 삼각주 지층에서 채취한 시료로 수행된 직접전단시험으로부터 c_u/σ_v' 값은

0.25~0.30 범위로 나타났다. 식 (5.1) 또는 식 (5.2)는 본 사례의 비배수 강도를 적절하게 추정하는 것으로 보인다. 이는 강도가 깊이에 따라 선형적으로 증가함을 나타낸다. 상부 모래의 굴착으로 점토지반은 과압밀 상태가 되지만(간극수압이 소산되기 위한 충분한 시간이 경과한 경우), 하중제하(unloading) 기간 동안 함수비 변화가 작고 지반의 간극률이 본질적으로 변하지 않으므로 비배수 강도는 원래 값보다 약간 작게 유지된다.

케이슨의 첫 번째 침강 시 실트질 점토층의 상부경계(원래의 지면으로부터 깊이 9 m)에서 c_u 값은 다음과 같다.

$$c_u \approx 0.25\sigma_v{}' = 0.25 \times \gamma_{sub} \times \text{depth} = 0.25 \times 9 \text{ kN/m}^3 \times 9 \text{ m} = 20.25 \text{ kPa} \qquad (5.5)$$

여기서, γ_{sub} 는 평균 포화단위중량 γ_{sat} 이 19 kN/m^{3}이고 물의 단위중량이 10 kN/m^{3}일 때 모래 및 실트의 평균 수중단위중량이다. 실트층 하부(깊이 30 m) 조밀한 모래층과의 접촉면에서 비배수 강도는 다음과 같다.

$$c_u = 0.25 \times 9 \text{ kN/m}^3 \times 30 \text{ m} = 67.5 \text{ kPa} \qquad (5.6)$$

c_u 의 깊이에 따른 분포는 그림 5.6에 표시하였다.

그림 5.7에 나머지 지반 물성치가 나타나 있다. 배수 직접전단시험으로부터 마찰각 25~31°와 무시할 만한 수준의 점착력을 얻었다.

설계 시 케이슨 기초영역에서 수행된 콘관입시험(CPT)을 통해 추가 데이터를 얻었다. 방파제의 해양측 수심 24 m의 깊이에서 시험을 실시하였다. 시험 결과는 그림 5.9에 나와 있다. 시험은 시추공의 바닥에서부터 여러 단계로 진행되었다. 반복적인 압입과정에서 초기관입저항은 시추와 지반 재성형으로 인한 응력완화에 영향을 받는다. 관입시험 결과의 초기부분을 무시하면 콘관입저항값이 선형적으로 증가하는 것을 볼 수 있는데, 이는 지반의 정규압밀 상태를 나타낸다.

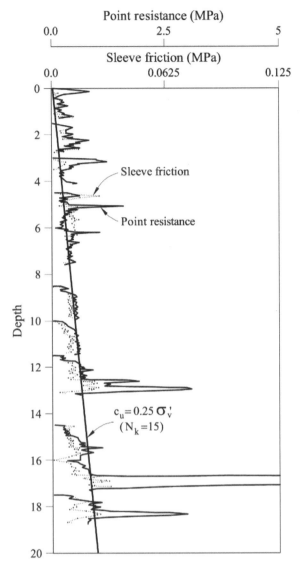

그림 5.9 기초지반의 CPT시험 콘관입저항과 슬리브마찰력

24 m의 수심에서 콘은 실트질 점성토의 강도를 기록하였다(상부 모래층은 이 수심에 있지 않다). 비배수 강도는 콘선단저항 q_c와 상관관계에 있다(Lunne et al., 1997).

$$c_u = \frac{q_c - \sigma_v}{N_k} \tag{5.7}$$

여기서 σ_v는 현재 위치에서의 수직 전응력이고 N_k는 10~20 범위의 값을 갖는 '지지력'계수이다. 바르셀로나 항만 지반의 경우 $N_k = 15$값을 이용하면 비배수 직접전단 데이터와 일치하는 c_u값을 얻는다. 그림 5.9의 CPT시험 결과는 실트층이 정규압밀 상태라는 것과 $a = 0.25$일 때 식 (5.1)의 유효성을 잘 보여주고 있다. 그림 5.9에 나타난 최대저항값은 저항력이 큰 조밀한 모래층에 해당한다. 실트질 점토의 강도는 피크 부분과 연속적인 데이터의 교란된 초기부분을 뺀 q_c 데이터의 최소 한계치에 해당한다.

5.3.1 액상화

케이슨 기초가 소성이 낮은 지반에서 액상화 발생 가능성은 비배수 반복전단시험을 통해 평가할 수 있다. 그러나 지진공학에서 축적된 경험을 이용할 수도 있다. 지진조건에서의 액상화 위험도와 지반유형(소성도로 식별) 사이의 관계에 대한 조사결과가 그림 5.10에 나와 있다(Seed et al., 2003). 그림 5.7에 표시된 시료의 상태도 소성도에 표시되어 있다. 바르셀로나 항만 실트는 '잠재적으로 액상화 가능한' 재료의 영역에 속한다.

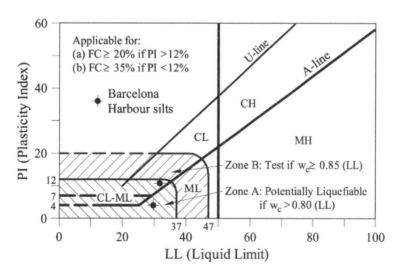

그림 5.10 세립질 토사의 액상화 가능성을 평가하는 기준(Seed 등, 2003. ASCE). 바르셀로나 항만 실트의 대표적인 소성점 2개도 표시

추가로 필요한 정보는 액상화로 이어지는 반복응력 강도를 아는 것이다. 이 응력수준을 추정하기 위한 여러 가지 다른 접근법을 찾을 수 있다. 일반적으로 다른 모든 접근법들은 액상화를 유발하는 응력비(τ/σ_v': 전단응력/유효수직응력)를 추정하여 검토한다.

액상화는 반복적인 비배수하중이 가해지는 동안 양의 간극수압 축적에 의해 비배수 강도가 상당히 감소하는 것으로 이해할 수 있다. 한계상태에서 강도는 0의 값으로 감소하지만 실제사례의 역해석으로부터 일부 잔류전단강도가 일반적으로 남아 있는 것으로 나타났다(Olson and Stark, 2002).

그림 5.11은 지진으로 인해 발생한 액상화 사례에서 얻은 데이터를 보여준다. 보정된 SPT값에 대한 함수로 액상화를 유발할 수 있는 임계 응력비를 얻을 수 있다. 그래프는 규모 7.5의

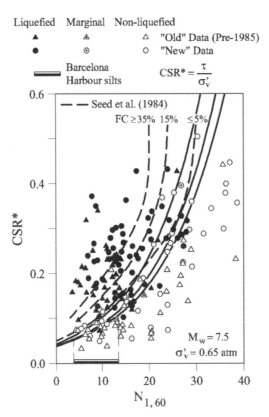

그림 5.11 SPT값과 세립분 함유량에 관한 액상화에 대한 임계응력비(Seed et al., 2003. ASCE의 허락을 받음). 지반조사 시 파악된 NSPT 값의 범위도 표시됨

지진조건에 해당하며, 0.65 atm(65 kPa)의 기준 구속응력을 나타낸다. 규모 7.5의 지진에서는 몇개(15∼20)의 강한 반복하중이 작용된다. 이는 최대 폭풍강도($H_s = 4$m)에서 방파제에 부딪치는 파도의 수보다는 훨씬 적다. 그러나 지진과 수직 케이슨에 가해지는 파랑하중의 차이에도 불구하고, τ/σ_v에 대한 유용한 기준값을 얻을 수 있다. 그림 5.7에 나타난 SPT값 범위(4∼14)에서 세립분 함유량 FC < 5%인 경우 임계 응력비는 0.05와 0.1 사이이다. FC가 증가하면 (FC> 35%) 응력비가 0.1∼0.2로 증가한다. 액상화에 대한 응력비를 보다 정확하게 결정하기 위해 반복전단시험을 수행하였다.

다른 바르셀로나 항구시설에서 채취된 동일한 지층의 불교란 실트 시료에 대해 관련된 실험이 수행되었다. 반복 비배수 직접전단시험을 수행하였다. 반복전단진동 변수는 그림 5.12에 정의되어 있다.

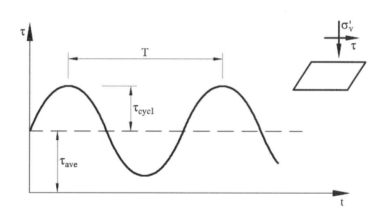

그림 5.12 반복전단하중 변수 정의

주기적인 전단응력 신호는 평균값 τ_{ave}, 순반복성분 τ_{cycl}과 시간 T로 표시된다. 수행된 시험 결과는 $\tau_{cycl}/\sigma_v{'}$와 $\tau_{ave}/\sigma_v{'}$를 축으로 하는 2차원 그래프로 표시된다(그림 5.13). 그림 5.13의 각 점은 시편의 파괴로 이어지는($\tau_{cycl}/\sigma_v{'}$, $\tau_{ave}/\sigma_v{'}$)의 조합을 나타낸다. 각 점 옆에 표시된 숫자는 적용된 사이클 수를 나타낸다. $\tau_{cycl}/\sigma_v{'}$ 또는 $\tau_{ave}/\sigma_v{'}$ 또는 둘다 증가하면 파괴를 유발하는 데 필요한 적용 사이클 수가 점차 줄어든다. 파괴는 간극수압이 축적되어

전단평면에 작용하는 수직유효응력의 감소로 인해 전단변형이 증가하는 결과이다. 실무에서
는 전단변형률이 10%에 도달하면 파괴로 인정되었다. 또한 그래프에는 정규압밀 조건의
노르웨이 드람멘 점토(Drammen clay)의 시험 결과도 표시되어 있다.

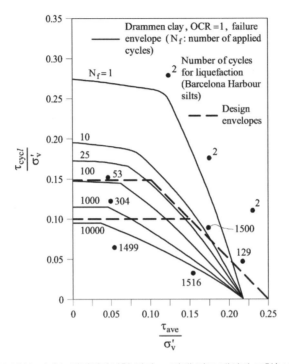

그림 5.13 반복 비배수 직접전단시험 결과. 드람멘 점토 데이터 포함(NGI 2002)

그래프에 나타난 정보는 작용된 반복응력 횟수에 대해 안전영역을 분리하는 데 사용될
수 있다. 안전영역은 다음 직선으로 구분된다.

$$\frac{\tau_{\text{cycl}}}{\sigma_v'} + \frac{\tau_{\text{ave}}}{\sigma_v'} = \frac{c_u}{\sigma_v'} = a \tag{5.8}$$

a는 식 (5.1)에 정의되었다. 식 (5.8)은 평균 응력비($\tau_{\text{ave}}/\sigma_v'$)와 반복 응력비($\tau_{\text{cycl}}/\sigma_v'$)의 합이
정적 강도비(c_u/σ_v')의 수준이 되는 모든 응력비 조합 조건에서 파괴로 이어진다는 것을 의미

한다. 반복횟수가 증가하면 허용되는 반복응력비가 감소하므로 안전영역의 크기가 줄어든다. 그림 5.13에 낮은 반복횟수와 높은 반복횟수(각각 약 40과 5,000)를 나타내는 두 개의 안전영역이 위쪽과 아래쪽 점선으로 표시되어 있다. 첫 번째, 평균 응력비가 0.1을 초과하지 않을 경우 한계반복응력비는 0.15이다. 두 번째, 평균 응력비가 0.15를 초과하지 않을 경우 한계반복응력비는 0.1이다. 이 평균 응력비를 넘어서면 반복성분(반복응력비)을 줄여야 한다. 이 그래프는 아래 설명된 방식으로 파랑작용하에서 액상화 조건을 추정하는 데 사용된다.

마지막은 액상화 후의 정적강도에 관한 것이다. 액상화 후 잔류강도에 대해 설명하기 위해, 액상화를 일으킨 반복하중 이후 정적 비배수 강도 시험을 수행할 수 있다. 그러나 반복하중 후 토사유동을 수반하는 일부 파괴를 역해석하는 것도 가능하다. 액상화가 시작되면 안정성 조건을 분석하기위해 이 정보가 필요하다. 그림 5.14는 Olson & Stark(2002)이 제시한 액상화 강도비와 정규화된 CPT 선단저항 사이의 상관관계를 보여준다. 앞서 언급된 케이슨 기초 하부 바르셀로나 항만 실트질 지반의 q_c값은 낮다(1 MPa 미만). 그림 5.14는 본 사례에서 0~0.06 범위의 낮은 포스트 액상화 강도비가 나타날 수 있음을 보여준다.

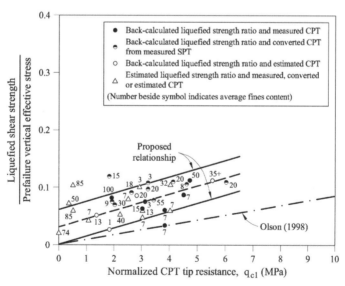

그림 5.14 액상화 유동 파괴 사례로부터 추정된 액상화 강도비(Olson and Stark, 2002 © 2008 NRC Canada. Reproduced with permission)

5.4 침하기록 및 분석

파괴 후 건설된 신설 케이슨을 계측하고 장기간 동안의 침하계측 데이터를 얻었다(그림 5.15). 계측데이터를 분석하여 기초지반의 압밀계수와 강성도의 평균값을 도출할 수 있다. 지반 강성도는 채취시료를 이용한 압밀시험에서 이미 산정되었다. 그러나 케이슨 침하기록으로부터 추정되는 통합적인 현장값이 더 신뢰성을 가지고 있다.

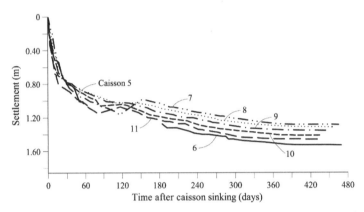

그림 5.15 최초 4개의 케이슨 파괴 이후 시공된 케이슨 5, 6, 7, 8, 9, 10, 11의 침하계측 기록(침하계측값의 시간축은 일반축척)

파괴된 케이슨에 인접한 케이슨의 모든 침하계측값은 비슷했다. 이 침하계측치는 압밀도 U와 시간 사이의 관계를 도출하는 데 사용될 수 있다. 압밀도 U는 현재 침하량과 장기(약 600일) 최대침하량의 비율로 계산되었으며, 침하기록에서 쉽게 확인할 수 있다. 그림 5.16는 U와 시간과의 관계를 일반, 로그 스케일 및 제곱근으로 도시하였다. 침하는 시간의 로그값과 훌륭한 근사치의 선형관계를 보인다. 시간의 제곱근 그래프는 비선형이며, 이는 압밀계수의 시간에 따른 점진적인 감소를 의미한다.

Davis & Poulos(1972)는 띠하중에서 압밀에 관한 식을 발표했는데, 이는 케이슨의 침하를 해석하는 데 유용하다. 그들은 고전적인 1차원 Terzaghi 압밀방정식과 동일한 가정(일정한 압축계수 및 투수계수, 지반은 수직방향으로만 변형)을 하였다. 투수성 상단 및 하단(양면배수)에 대한 해는 그림 5.17에 재현되어 있다. 주어진 시간 동안, 소산효과가 보다 '3차원'

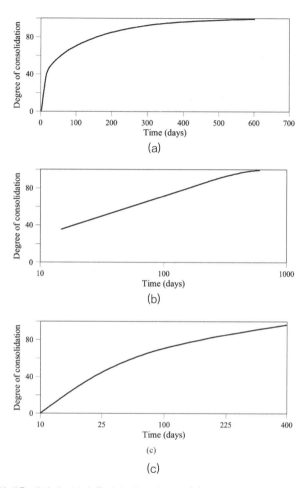

그림 5.16 케이슨 침하계측 데이터로부터 추정된 평균 압밀도: (a) 시간의 일반척도 (b) 시간 로그스케일 (c) 시간의 제곱근 스케일

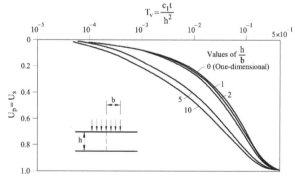

그림 5.17 압밀도 vs 시간계수. 줄기초, 투수성 상단 및 투수성 하단(Davis and Poulos, 1972; 원문의 기호가 사용됨)

Davis & Poulos(1972)는 띠하중에서 압밀에 관한 식을 발표했는데, 이는 케이슨의 침하를 해석하는 데 유용하다. 그들은 고전적인 1차원 Terzaghi 압밀방정식과 동일한 가정(일정한 압축계수 및 투수계수, 지반은 수직방향으로만 변형)을 하였다. 투수성 상단 및 하단(양면배수)에 대한 해는 그림 5.17에 재현되어 있다. 주어진 시간 동안, 소산효과가 보다 '3차원'일수록(즉, 띠하중 폭의 절반, b에 대한 압밀층의 두께, h의 비가 증가할수록) 압밀도가 증가한다.

본 사례의 경우 $h/b \approx 2$이고, 그림 5.17은 해가 1차원 Terzaghi의 식과 매우 비슷하다는 것을 보여준다. 1차원 해는 U< 0.526(2장 참조)에 대하여 다음 방정식에 의해 거의 정확하게 계산된다.

$$U = \sqrt{\frac{4T}{\pi}} \qquad\qquad (5.9)$$

$T = c_v t/H^2$ 이므로 식 (5.9)는 c_v의 값을 구하는 데 사용할 수 있다(H는 압밀층의 절반 두께 $H = 10.5 \, \text{m}$). 모든 쌍의(U, t) 값에 대해 c_v의 추정치를 산정하였다. 표 5.1은 압밀 과정 중 처음 3개월 동안의 c_v값이다.

표 5.1 시간 – 침하계측 기록으로부터 산정된 압밀계수

t(일)	15	30	45	60	90
c_v(m²/일)	0.748	0.702	0.60	0.53	0.46
c_v(cm²/초)	0.086	0.081	0.07	0.061	0.053

예상한대로 지반 간극비가 감소함에 따라 투수계수가 감소하기 때문에 c_v는 시간에 따라 감소한다. 지반 투수계수를 추정하기 위해 지반의 구속(탄성)강성도(confine elastic stiffness) E_m을 알아야 한다.

$$c_v = \frac{kE_m}{\gamma_w} \qquad\qquad (5.10)$$

E_m은 다음과 같이 압축지수 C_c로 표현된다.

$$E_m = \frac{(1+e_0)\sigma_v{}'}{0.434\,C_c} \tag{5.11}$$

케이스 아래 케이스 절반 폭과 같은 깊이에서 지반 내 수직응력은 $(22+10{\times}8)=300\,\mathrm{kPa}$로 추정된다. 따라서 $E_m \approx 5{,}250\,\mathrm{kPa}$이다. 식 (5.10)으로부터 $c_v = 0.7\,\mathrm{m^2/day}$에 대해 지반의 투수계수 $k = 1.5{\times}10^{-8}\,\mathrm{m/s}$를 구할 수 있다. 본 사례와 같이 압밀의 첫 단계에서 기초지반은 $0.75\,\mathrm{m^2/day}$ 정도의 c_v값을 나타낸다.

근사치이기는 하지만 결과값은 기초지반이 다소 불투수성이라는 것을 보여준다. 비교적 빠른 하중재하(파랑작용 또는 케이슨 침강) 시 비배수 거동을 하며, 파괴도 비배수파괴이다. 관련 강도특성은 비배수 강도이다.

이러한 연약지반은 전단 시 양의 간극수압을 생성하여 배수되는 경우와 비교할 때 더 낮은 강도를 나타내기 때문에 비배수파괴가 위험하다(그림 5.18 참조). K_0 line상의 초기응력 상태 I에서 비배수 경로(U)는 전단강도 c_u로 이어질 것이다. 대조적으로, 쿨롱법칙의 직접 적용은 경로 D를 의미하고, 더 높고 비현실적이고 안전하지 않은 전단강도 τ_f를 의미한다. 이 문제에 대한 자세한 내용은 6장을 참조하기 바란다.

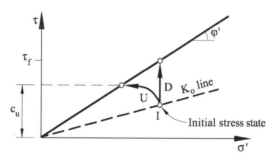

그림 5.18 비배수 및 배수 삼축응력경로

5.5 케이슨 침강 중 안전

5.5.1 케이슨 중량

2000년 10월 준설이 끝난 후 굵은 조립토가 굴착된 해저 트렌치에 다시 채워졌다. 2001년 5월 케이슨 침강을 위해 제방이 평탄화되었다. 실제 침강은 2001년 10월 중순에 되었다. 폭풍과 케이슨 파괴는 20일 후에 발생하였다(케이슨 건설 이력은 그림 5.19에 개략적으로 표시되어 있다).

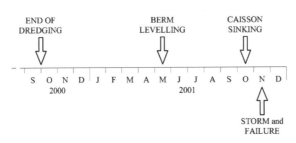

그림 5.19 케이슨 건설과 파괴 이력

준설로 인한 하중제하 이후의 조립토 뒷채움은 점토질 실트에서의 초기 유효응력을 정확하게 복원하지는 못했지만 매우 비슷했다. 함수비의 변화는 작았으므로 원지반은 본질적으로 그림 5.6에 나타난 원래의 비배수 강도 분포를 유지했다.

케이슨 셀의 부피는 총 부피의 55%에 달한다. 셀이 물로 채워지면 케이슨이 침강한다. 조립질 기초지반은 EL-17.50 m로 평탄화되었으므로 침강 후 케이슨 상단 2 m는 해수면 위에 남아 있었다. 길이방향 단위길이당(1 m) 케이슨의 유효무게는 다음과 같다.

$$W'_{\text{water}} = 19.6 \times 19.5 \times (0.55\gamma_w + 0.45\gamma_c) - 19.6 \times 17.5\gamma_w \tag{5.12}$$

여기서, γ_c, γ_w는 각각 콘크리트와 해수의 단위중량이다. $\gamma_c = 23$ kN/m^3, $\gamma_w = 10$ kN/m^{3}에 대하여 $W'_{\text{water}} = 2{,}628$ kN/m이다. 기초에 대한 수직 순응력은 $\sigma_v^{\text{water}} = 2{,}628$ kN/m/19.6 m = 134 kPa이다.

수중모래로 채워질 때, 케이슨 기초에 작용하는 케이슨 길이방향 단위길이당 유효무게는

$$W'_{sand} = 19.6 \times 19.5 \times (0.55\gamma_{sand} + 0.45\gamma_c) - 19.6 \times 17.5\gamma_w \qquad (5.13)$$

$\gamma_{sand} = 18 \, \text{kN/m}^3$로 추정되었다. 또한 $\gamma_c = 23 \, \text{kN/m}^3$이므로 $W'_{sand} = Q = 4,310 \, \text{kN/m}$이다. 케이슨기초에 작용되는 유효수직응력은 $q = Q/19.6 \, \text{m} = 220 \, \text{kPa}$이다.

5.5.2 지지력

Davis & Booker(1973)는 비배수 강도가 깊이에 따라 선형으로 증가할 때 줄기초의 지지력에 대한 정확한 해를 다음과 같이 제시하였다.

$$c_u = c_{u0} + \rho z \qquad (5.14)$$

여기서 ρ는 상수다. 상부 조립토층(그림 5.6)이 추가적인 지지력을 제공하지만, 매우 작을 것이다. 실제로 제방의 측면범위는 작다. 간단한 파괴 메커니즘이 고려된다면, 조립토층의 유일한 효과는 마찰저항 T를 제공하는 것이다(그림 5.20). 표면에 있고 두께가 약 2 m에 불과한 조립토 제방의 구속응력도 원지반의 기여에 비해 매우 작다. 간단하게 원지반만이 지지력에 기여한 것으로 가정하여도 될 것이다.

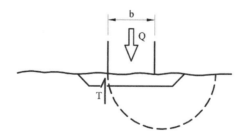

그림 5.20 조립질 제방이 제공하는 파괴에 대한 마찰저항을 설명하기 위한 스케치

Davis & Booker(1973)가 제시한 이론 지지력은 다음과 같은데,

$$Q/B = F[(\pi+2)c_{u0} + \rho b/4] \tag{5.15}$$

여기서 F는 $\rho b/c_{u0}$에 따라 달라지는 보정계수이며, 그림 5.21에서 구할 수 있다.

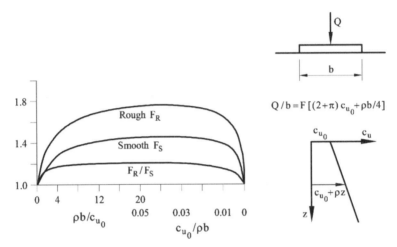

그림 5.21 거친면과 매끈한 면 기초에 대한 보정계수(Davis & Booker, 1973)

식 (5.15)에서 $c_{u0} = 20.25$ kPa, $\rho = (67.5 - 20.25)$ kPa/21 m = 2.25 kN/m^3, $F = 1.35(\rho b/c_{u0} = 2.25$ kN/m$^3 \times 19.6$ m/20.25 kN/m$^2 = 2.2$일 때; 그림 5.20의 거친면 기초 참조)이면 $Q/b = 155$ kPa 이며, 이는 모래(220 kPa)로 채워진 경우 케이슨에 작용하는 순응력보다 낮다.

그러나 케이슨은 모래로 채워지기 전 처음엔 물로 채워졌다. 물이 채워진 케이슨 기초에 대한 순응력은 134 kPa이다. 따라서 케이슨이 물 밸러스트로 침강되었을 때의 안전율은 $SF = 155/134 = 1.16$으로 계산될 수 있다.

이론식 (5.15)로부터 케이슨 침강시점 시 파괴에 매우 가까운 조건이었음을 추정할 수 있다. 케이슨 바닥의 유한 직사각형 형상으로 인한 3차원 효과로 지지력의 증가가 일어났으며, 이 효과로 케이슨이 안정적으로 유지되었다고 설명될 수 있다. 또한 제한된 두께의 상부

조립토 제방이 일부 추가 지지력을 제공하였다.

반면, 비배수 강도가 실제로 약간 더 높으면(예를 들어 식 (5.1)에서 $a = 0.30$인 경우), 파괴에 대한 안전율도 증가한다. 안전율은 c_u에 대하여 선형적으로 증가하고 $a = 0.30$일 때 $SF=$ 186/134 = 1.4가 된다.

더 정확하게는 어렵지만 케이슨이 침강되는 동안 파괴되지 않은 것은 사실이다. 그러나 이 추정은 1.0 이상의 작은 안전율을 의미했다. 침강시점 이후의 케이슨의 무게로 인한 지반 압밀은 원지반의 가용 전단강도를 증가시킨다. 그리고 케이슨은 정해진 중량으로 적재(포화된 모래로 채움)되었고, 몇 주 동안 압밀되고, 최종적으로 폭풍 파랑하중을 받았다.

이러한 프로세스를 분석하기 전에 깊이에 따라 강도가 증가하는 점토지반상에 놓인 줄기초에 대한 Davis & Booker의 이론적 비배수지지력이 소성 상계정리를 이용하여 간단한 운동학적으로 허용되는 메커니즘으로 근사화될 수 있는지 확인할 필요가 있다.

이 접근방법의 숨은 목적은 파랑작용과 깊이에 따른 보다 복잡한 비배수 강도의 분포를 포함한 후속계산을 위한 기반을 마련하기 위한 것이다. 실제로 압밀 과정은 c_u값의 '분포도'와 관련지어지고, 이는 평균 유효응력의 '분포도'와 맞춰진다(식 (5.2)). 시간에 따라 변하는 평균 유효응력의 분포는 c_u의 선형변화와는 근본적으로 다르며, 이론식을 적용하기 어렵다. 그러나 소성정리는 여전히 근사치를 제공한다. 그런 다음 (상계정리를 기반으로 한) 가정된 파괴 메커니즘에 대한 신뢰성을 확립하는 것이 적절해 보인다. 이를 수행하는 방법은 Davis & Booker(1973)가 제시한 정확한 해를 상계 근사치와 비교하는 것이다.

5.5.3 깊이에 따라 선형적으로 증가하는 강도를 가지는 점토층에 지지된 거친면 줄기초 지지력의 상계해

그림 5.22는 Davis & Booker(1973)가 제시한 지지력 문제에 대한 정확한 해(무한 매끈한 면 강성기초)의 임계속도장을 보여준다. 메커니즘은 기초의 축에 대하여 대칭이다.

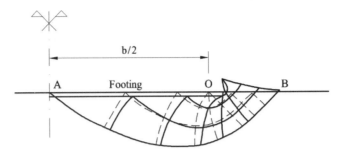

그림 5.22 매끈한 면 기초의 속도장(Davis & Booker, 1973)

거친면 기초가 더 적절한 경우에 대해서도 이 메커니즘은 그림 5.23에 표시된 삼각형 쐐기를 기반으로 단순화한 대칭 메커니즘을 제안하였다.

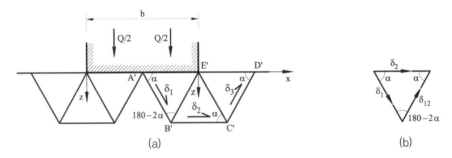

그림 5.23 수직하중을 받는 줄기초의 상계 해석을 위한 대칭 파괴 메커니즘

외부하중의 절반(Q/2)을 받는 두 대칭 메커니즘 중 하나를 고려해보자. 이 메커니즘은 그림 5.23에 표시된 각도 α에 대하여 최적화된다. 이 메커니즘의 거동은 직선 세그먼트 A'B'를 따라 활동하는 쐐기 A'B'E'의 움직임을 정의하는 가상변위율 벡터 δ_1으로 특정짓는다. 세그먼트 A'B'의 길이는 $L = b/(4\cos\alpha)$이다. 여기서, b는 케이슨의 폭이다. 비배수 강도는 선형 함수 $c_u(z) = c_{u0} + \rho z$로 정의된다.

A'B'를 따라 발생하는 소산은 다음과 같이 계산된다.

$$W_{A'B'} = \int_{A'}^{B'} c_u(z)\delta_1 dl = \int_{A'}^{B'} (c_{u0} + \rho z)\delta_1 dl = \int_{A'}^{B'} (c_{u0} + \rho l \sin\alpha)\delta_1 dl$$

$$= \delta_1 \left[c_{u0}l + \frac{\rho}{2}l^2\sin\alpha \right]_0^L = \delta_1 \frac{b}{4\cos\alpha}\left(c_{u0} + \frac{\rho b}{8}\tan\alpha \right) \tag{5.16}$$

이제 $B'C'$를 따라 발생하는 소산을 고려하여 보자. 움직이는 쐐기 $B'C'E'$와 $B'C'$ 아래 지반 사이의 상대변위 δ_2는 그림 5.23b에 표현된 변위 적합조건을 고려하여 $\delta_2 = 2\delta_1\cos\alpha$로 계산된다.

선 $B'C'$의 z좌표는 $z = b\tan\alpha/4$이므로,

$$W_{B'C} = c_u\left(z = \frac{b\tan\alpha}{4} \right)\delta_2 \frac{b}{2} = \left(c_{u0}b\cos\alpha + \rho\frac{b^2}{4}\sin\alpha \right)\delta_1 \tag{5.17}$$

거친면 기초의 가정을 고려하면 $A'E'$선을 따라 발생하는 소산은 다음과 같고,

$$W_{A'E'} = c_{u0}\frac{b}{2}\delta_1\cos\alpha \tag{5.18}$$

$A'B'$, $B'E'$, $E'C'$, $C'D'$선을 따라 발생하는 소산은 모두 동일하므로 메커니즘에 대한 총 내부 소산일은 다음과 같다.

$$W_{\text{int}} = 4W_{A'B'} + W_{B'C} + W_{A'E'} \tag{5.19}$$

$Q/2$에 의해 수행된 외부일은 다음과 같이 계산된다.

$$W_{\text{ext}} = \frac{Q}{2}\delta_1\sin\alpha \tag{5.20}$$

$W_{int} = W_{ext}$ 로부터 Q를 α, c_{u0}, ρ, b의 식으로 정리하면:

$$Q = \frac{b}{4} \frac{(8c_{u0} + \rho b \tan\alpha + 12c_{u0}\cos^2\alpha + 2\rho b \sin\alpha\cos\alpha)}{\sin\alpha\cos\alpha} \tag{5.21}$$

Q의 최적 상계해는 α에 대한 Q의 최솟값이다. 이 최소화 계산은 Excel의 'solve' 기능을 사용하여 수행되었다. $b = 19.6\,\mathrm{m}$, $c_{u0} = 20.25\,\mathrm{kPa}$, $\rho = 2.25\,\mathrm{kN/m^3}$인 경우 임계각 α가 50.8°일 때 $Q/b = 182\,\mathrm{kPa}$의 최솟값이 구해진다.

앞 절에서 거친면 기초에 대한 이론값(Davis & Booker, 1973)은 $Q/b = 155\,\mathrm{kPa}$로 계산되었다. 이론값에 대한 간단한 상계 메커니즘의 오차는 17%이며, 실무적인 측면에서 합리적인 값이다. 이 결과는 그림 5.23의 삼각웨지 메커니즘이 강도가 깊이에 따라 선형적으로 증가하는 점토층에 놓여 있는 줄기초에 대한 지지력계수를 산정할 수 있는 수용 가능한 근사치임을 나타낸다. 이 장의 나머지 부분에서 전개되는 분석의 주요 목적은 케이슨 침강, 모래채움, 폭풍 작용 후 압밀이 되는 동안 안전율의 변화를 살펴보는 것이다. 상계 계산은 케이슨 파괴로 이어진 일련의 이벤트를 평가하는 간단하고 실용적인 방법이다.

그러나 파랑작용으로 인한 수평하중이 추가로 케이슨에 작용하는 경우, 대칭 메커니즘이 발생할 수 없으며, 더 가능성 있는 메커니즘이 그림 5.24에 그려져 있다. 이것을 비대칭 파괴메

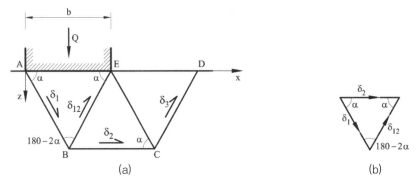

그림 5.24 수직하중을 받는 줄기초의 상계 해석을 위한 비대칭 파괴 메커니즘

커니즘이라고 부른다. 먼저 수직하중하에서 이 메커니즘을 고려해보자. 계산은 이전 계산과 거의 동일한다. 이 경우에는 케이슨은 쐐기 AEB에 대하여 선 AE를 따라 변위가 발생하지 않는다. 따라서 세그먼트 AE를 따라 발생하는 소산이 계산되지 않다. 이전 단계를 반복하면 세그먼트 AB 및 BC를 따라 발생하는 소산은 다음과 같다.

$$W_{AB} = \frac{\delta_1 b}{2\cos\alpha}\left(c_{u0} + \frac{\rho b}{4}\tan\alpha\right) \tag{5.22}$$

$$W_{BC} = \left(2c_{u0}b\cos\alpha + \rho b^2\sin\alpha\right)\delta_1 \tag{5.23}$$

내부 소산일은 $W_{\text{int}} = 4W_{AB} + W_{BC}$ 이다. 외부일은 다음과 같이 계산된다.

$$W_{ext} = Q\delta_1\sin\alpha \tag{5.24}$$

두 일이 같다고 하여 정리하면 식 (5.25)와 같고, 이는 대칭 메커니즘에 대하여 계산된 Q값과 다르다.

$$Q = \frac{b}{2}\frac{\left(4c_{u0} + \rho b\tan\alpha + 4c_{u0}\cos^2\alpha + 2\rho b\sin\alpha\cos\alpha\right)}{\sin\alpha\cos\alpha} \tag{5.25}$$

α에 대한 Q의 최소화 또한 엑셀 프로그램으로 수행되었다. 이전에 고려한 동일한 매개변수($b = 19.6$ m; $c_{u0} = 20.25$ kPa; $\rho = 2.25$ kN/m^3)에 대하여 파괴 단위하중 $Q/b = 209$ kPa(임계각 $\alpha = 44.5°$)가 계산되었으며, 이는 대칭 메커니즘에 대해 계산된 하중보다 15% 더 높다. 이 비대칭 메커니즘은 위에서 언급한 것처럼 파랑작용을 고려할 때 사용된다.

케이슨 압밀로 인해 c_u 값이 증가하고 지지력 파괴에 대한 안전율이 높아졌다. 케이슨이 처음 침강되고 2주 후, 케이슨 셀이 모래로 채워졌다. 이러한 순중량 증가는 관련 안전율을 계산하기 위해 아래에서 분석될 것이다. 모래를 채운 날 이후로 케이슨 압밀은 계속되었고 케이슨에 대한 폭풍의 영향을 분석하기 앞서 먼저 지반의 비배수 강도를 추정해야 한다. 따라서 분석의 다음 단계는 케이슨 압밀과 지반강도의 증가를 조사하는 것이었다.

5.6 케이슨에 의한 압밀과 지반강도 증가

그림 5.15에 나와 있는 파괴 후 설치된 케이슨의 실제 침하계측치로부터 몇 주 동안 상당히 압밀이 진행되었을 수 있음을 알 수 있다. 상부 투수성 조립토층과 가깝게 위치한 연약 기초지반의 지점들은 전체 케이슨 하중하에서 빠르게 압밀이 진행될 것이다. 하부 투수성 모래 경계부에 가까이 위치한 점토 깊이에서도 빠르게 압밀되지만 하부 모래 깊이에서 응력 증가는 훨씬 낮을 것이다. 케이슨 압밀은 유효응력의 점진적인 증가로 이어지며, 비배수 강도가 증가한다. 그러나 언급된 이유로, 비배수 강도값의 새로운 분포는 균질하지 않으며, 깊이에 따라 증가하는 초기 선형분포와도 거리가 멀다. 이것은 특히 케이슨 바로 아래의 기초지반의 경우에 해당된다.

비배수 강도의 증가량은 식 (5.2)를 이용하여 평균 유효응력 증가량의 일부로 간단히 계산된다. 따라서 이제 필요한 것은 압밀 프로세스를 고려하여 케이슨 하중하에서 평균 유효응력 분포를 계산하는 것이다. 계산은 두 부분으로 나뉜다.

• 줄기초 하부 응력 증가량과 과잉간극수압의 결정
• 유발된 과잉간극수압의 소산

5.6.1 줄기초 하부 응력 증가량과 과잉간극수압의 결정

이 분석은 계산된 비배수 강도의 후속 사용에 따라 수행된다. 궁극적인 목표는 파괴하중을 추정하고 이를 실제 케이슨하중과 비교하는 것이다. 파괴조건은 이미 검토된 메커니즘을 통해 소성 상계정리를 통해 계산된다(그림 5.23과 5.24). 그림 5.25에서 제안된 두 가지 대체 메커니즘, 즉 대칭 메커니즘(앞서 설명된 수직하중에만 작용할 때 적합한 솔루션)과 파랑작용을 고려한 비대칭 메커니즘을 고려해보자.

상한 계산은 세그먼트 AB, A′B′ 등을 따라 발생하는 소성일의 소산을 결정해야 한다. 비선형강도의 변동이 지배하므로, 그림에 표시된 두 메커니즘의 각 활동면에서의 평균강도를 간단한 수치적분으로 추정하기 위해 최소 3개의 제어점을 정하였다. 이 제어점(원기호로 표기)은 그림 5.25에 표시된 케이슨기초 왼쪽코너까지의 수평 좌표거리로 나타낸 여러 수직 프로파일을 정의한다.

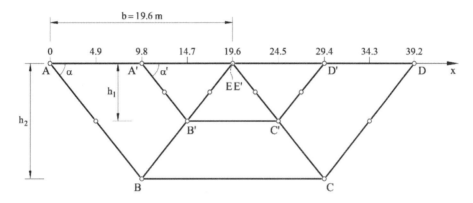

그림 5.25 대칭(A′B′C′D′E′) 및 비대칭(ABCDE) 파괴 메커니즘의 형상. 비배수 지반강도의 계산을 위한 수직프로파일의 위치

간극수압의 소산은 상부 및 하부 배수경계쪽으로의 수직흐름에 따라 좌우된다. 식 (5.4)에서 설명된 바와 같이 실제조건에 가까운 수직압밀의 가정은 압밀분석을 수행하는 데 도움이 된다. 다음 순서로 단계적으로 산정한다(케이슨의 초기침강을 시작점(시간=0)으로 놓는다).

1) 기초의 응력 증가를 결정한다. 띠하중에 대한 탄성 방정식이 사용된다. 응력계산은 그림 5.25($x =0$, 4.9, 9.8 m … 등)에 나와 있는 수평좌표에 위치한 수직 프로파일에서 수행된다. 이 선택의 이유는 앞에서 설명되었다.

2) 평균 전응력을 수직 프로파일에 있는 점에서 계산한다. 과잉간극수압(정수압 초과)은 평균 응력 증가와 같다. 이것은 합리적이고 충분히 정확한 가정이다.

3) 과잉간극수압은 1차원 압밀에서 상부 및 하부 배수경계 쪽으로 수직으로 소산된다. 케이슨을 모래로 채우기 전 14일 동안의 기초지반의 상태이다.

4) 평균 유효응력은 계산된 전응력과 간극수압의 차로 계산한다. 업데이트된 c_u값의 분포는 식 (5.2)를 이용하여 계산한다.

5) 케이슨 파괴하중은 상계정리를 통해 산정한다. 안전율을 산정한다.

5.6.2 응력 증가

a) 기초의 응력 증가량 계산

Poulos & Davis(1973)는 띠 균등하중 아래에 응력 분포식을 발표했다. 그림 5.26을 참조하면, 좌표 (x, z) 또는 각도 α와 δ로 의해 정의된 반무한 탄성체의 한 점에서 응력은 다음과 같다.

$$\sigma_z = \frac{q}{\pi}[\alpha + \sin\alpha\cos(\alpha + 2\delta)] \tag{5.26a}$$

$$\sigma_x = \frac{q}{\pi}[\alpha - \sin\alpha\cos(\alpha + 2\delta)] \tag{5.26b}$$

$$\sigma_y = \nu(\sigma_x + \sigma_z) \tag{5.26c}$$

$$\tau_{xz} = \frac{q}{\pi}\sin\alpha\cos(\alpha + 2\delta) \tag{5.26d}$$

b) 평균 응력 및 초기 과잉간극수압

평균 응력은 다음과 같이 계산된다.

$$\sigma_m = p = \frac{\sigma_x + \sigma_y + \sigma_z}{3} = \frac{2(1+\nu)}{3}\frac{q}{\pi}\alpha \tag{5.27}$$

여기서,

$$\alpha = \arctan\left(\frac{x}{z}\right) + \arctan\left(\frac{b-x}{z}\right) \tag{5.28}$$

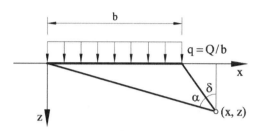

그림 5.26 띠 균등하중, 좌표시스템(Poulos & Davis, 1973)

5.6.3 초기 과잉간극수압

그림 5.25에 표시된 몇 개의 수평좌표($x = 9.8$, 12.25, 19.6, 22.05, 26.95, 34.30 m)에서 계산된 σ_m의 분포(초기 과잉간극수압과 동일)는 그림 5.28에 $t = 0$에 대한 그래프로 나와 있다. 케이슨하중의 실제 순서는 그림 5.27에 나와 있다. 침강 후, 케이슨은 14일 동안 물로 가득차 있었다. 이 기간 동안 외부하중 q는 침강 시 케이슨이 가한 순응력이었다 (물로 채워진 케이슨: $q = Q/b = 134\,\text{kPa}$). 나머지 분석에서는 침강시점을 $t = 0$으로 하였다. $t = 14$일에 케이슨 셀은 모래로 채워졌고 기초에 대한 순응력은 $220\,\text{kPa}$로 증가하였다. 폭풍은 $t = 21$일에 도착했다.

그림 5.28은 케이슨하중(실선)으로 인한 두 종류의 초기 과잉간극수압 분포형태를 보여준다. 케이슨 하부($x = 0^+ \sim x = 19.6\,\text{m}$, 그림 5.28(a)(b))에서 평균 응력은 케이슨−지반 경계면에서 최대, 점토지층 바닥면(케이슨 바닥면 하부 21 m 깊이에서 투수성 모래층이 발견됨)에서

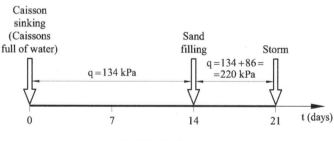

그림 5.27 케이슨 하중 순서

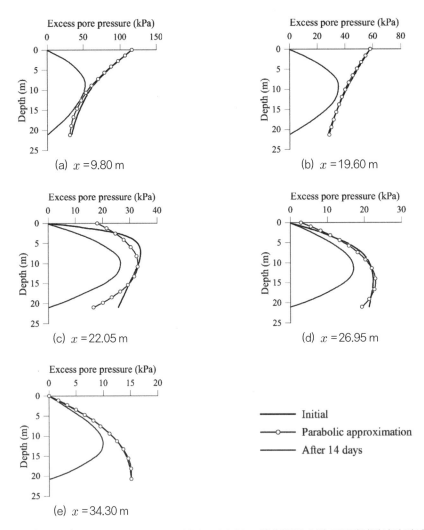

그림 5.28 그림 5.25의 x =9.8, 19.6, 22.05, 26.95, 34.30 m에 위치한 수직 프로파일에서의 과잉간극수압 (각 그래프 계산된 초기 과잉간극수압, 포물선 형태의 근사치, 14일 압밀 후 계산된 과잉간극수압의 분포를 나타냄)

최솟값이 된다. 케이슨 양쪽바깥(x > 19.6 m, 그림 5.28(c)(d)(e)) 표면에서 응력 증가는 0이다. 깊이에 따라 증가하다가 중간 깊이에서 최댓값에 도달하고 다시 감소한다. 케이슨 바닥으로부터의 거리가 멀어질수록 평균 응력 증가강도가 감소한다.

과잉간극수압의 소산은 상부 및 하부 배수경계 방향으로 즉시 시작되며, 동시에 평균 유효응력이 증가한다. 이것은 지반강도가 증가하는 과정설명에서 단계 c)와 d)에 해당한다.

5.6.4 과잉간극수압 소산

그림 5.28에 도시된 초기 과잉간극수압은 간단한 선형법칙을 따르지 않는다. 대부분의 토질역학 교과서에 나와있는 압밀식을 직접 사용할 수 없다. 그림에 표시된 모든 프로파일을 합리적인 근사치에 맞추는 가장 간단한 곡선적합은 포물선일 것이다.

$$f(z) = A + Bz + Cz^2 \tag{5.29}$$

여기서, $f(z)$는 초기 과잉간극수압이며, 이는 수직좌표의 함수이다. A, B, C는 곡선적합을 통해 또는 간단히 서로 다른 z의 곡선 위에 있는 3개의 점을 선택하여 결정할 수 있다. 계수 A, B, C는 다음 연립방정식으로부터 계산할 수 있다.

$$f(z_1) = A + Bz_1 + Cz_1^2 \tag{5.30a}$$

$$f(z_2) = A + Bz_2 + Cz_2^2 \tag{5.30b}$$

$$f(z_3) = A + Bz_3 + Cz_3^2 \tag{5.30c}$$

Maple 프로그램의 'solve' 함수를 이용하여 다음 식을 얻을 수 있다.

$$A = \frac{f(z_1)[z_2^2 z_3 - z_2 z_3^2] + f(z_2)[z_1 z_3^2 - z_1^2 z_3] + f(z_3)[z_1^2 z_2 - z_1 z_2^2]}{z_2 z_1^2 + z_3 z_2^2 + z_1 z_3^2 - z_3 z_1^2 - z_1 z_2^2 - z_2 z_3^2} \tag{5.31a}$$

$$B = \frac{z_1^2[f(z_3) - f(z_2)] + z_2^2[f(z_1) - f(z_3)] + z_3^2[f(z_2) - f(z_1)]}{z_2 z_1^2 + z_3 z_2^2 + z_1 z_3^2 - z_3 z_1^2 - z_1 z_2^2 - z_2 z_3^2} \tag{5.31b}$$

$$C = \frac{z_1[f(z_3) - f(z_2)] + z^2[f(z_1) - f(z_3)] + z_3[f(z_2) - f(z_1)]}{z_2 z_1^2 + z_3 z_2^2 + z_1 z_3^2 - z_3 z_1^2 - z_1 z_2^2 - z_2 z_3^2} \tag{5.31c}$$

위의 방정식을 엑셀시트에 넣고 $\Delta u(=\Delta p)$의 이론적 분포의 점들을 선택하여 과잉간극수압 프로파일의 곡선적합을 하였다. 압밀층의 중간구간에서 간극수압을 적절하게 대표할 수 있는 곡선적합점들을 선택하도록 하였다. 그 이유는 압밀 과정이 시작된 직후 상부 및 하부 경계에서의 과잉간극수압이 0(경계조건)이 되기 때문이다. 다시 말해, 과잉간극수압의 극단 값을 정확하게 표현하는 것은 그리 유의미하지 않다. 물론, 이론 및 초기 간극수압 프로파일 곡선적합에서 과잉간극수압의 총면적은 동일하여야 한다.

이 곡선적합 프로세스의 결과는 그림 5.28에도 나와 있다. 포물선 곡선적합은 케이슨 하부와 특정거리에서 잘 맞는다. 가장 어려운 곡선적합은 케이슨 바깥 바로 근처에서의 수직 프로파일이다. 그러나 곡선적합 다항식 차수를 증가시키는 것은 복잡성 및 초기 과잉간극수압의 정확하게 표현하더라도 그 영향이 제한적인 것을 고려할 때 그리 적절하지 않을 것이다.

과잉간극수압은 전술한 바와 같이 수직으로 소산되는 것으로 가정될 것이다. 이 문제는 그림 5.29에 개략적으로 나와 있다. 과잉간극수압 $u(z, t)$는 Terzaghi의 고전 방정식을 충족해야 한다.

$$c_v \frac{\partial^2 u}{\partial z^2} = \frac{\partial u}{\partial t} \tag{5.32}$$

여기서, c_v는 다음 경계조건 및 초기조건에 대한 압밀계수이다.

경계조건($\forall$t):
$$u(z = 0, t) = 0 \tag{5.33a}$$
$$u(z = 2H = 21m, t) = 0 \tag{5.33b}$$

초기조건($\forall$z):
$$u(z, t = 0) = A + Bz + Cz^2 \tag{5.34}$$

여기서, 계수 A, B, C는 그림 5.25에서 정의된 각 수직 과잉간극수압 프로파일에 대하여 식 (5.31a, b, c)로부터 결정된다.

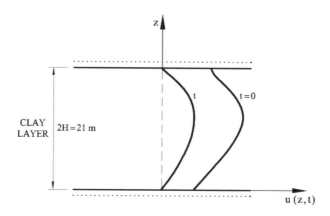

그림 5.29 $t=0$일 때 케이슨 침강으로 인한 양면배수 압밀과 과잉간극수압

케이슨 하부 과잉간극수압이 유사하면 계수 A, B, C가 유사한 값으로 나타날 것이다. 따라서 케이슨 기초의 중심구간에서 수평방향으로 큰 간극수압 변화는 발생하지 않을 것이다. 수직방향 1차원 소산은 실제 조건과 가깝다. 그러나 가장자리 부근(그림 5.28에서 $x=19.6\,\mathrm{m}$와 $x=22.95\,\mathrm{m}$의 간극수압 프로파일 비교)에서 수평 간극수압 변화가 더 크다. 이는 고려되지 않은 일부 수평흐름 요소를 발생시킨다. 케이슨으로부터의 거리가 멀어지면(그림 5.28에서 $x=26.95,\ 34.30\,\mathrm{m}$의 간극수압 프로파일) 수평방향 간극수압은 다시 유사해지며 수직 소산이 압밀 과정에서 두드러진다. 또한 2차원 압밀 문제(압밀도 측면에서)의 답이 케이슨의 기하구조와 기초에 대한 1차원 사례와 매우 유사하였다는 점을 상기하기 바란다(그림 5.17).

무차원변수항 $Z=z/H$; $T=t/\tau$; $W=u/u_0$으로 압밀방정식을 나타내면 다음과 같다.

$$\frac{\partial^2 W}{\partial Z^2} = \frac{\partial W}{\partial T} \tag{5.35}$$

여기서, τ와 u_0는 각각 기준시간($\tau=H^2/c_v$)과 기준압력이다.

경계조건과 초기조건은 다음과 같이 표현된다.

경계조건($\forall$t):

$$W(Z=0, T) = 0 \tag{5.36a}$$

$$W(Z=2, T) = 0 \tag{5.36b}$$

초기조건($\forall$z):

$$U(Z, T=0) = A + BHZ + CH^2Z^2 = \overline{A} + \overline{B}Z + \overline{C}Z^2 \tag{5.37}$$

여기서, 새로운 상수세트($\overline{A} = A$, $\overline{B} = BH$, $\overline{C} = CH^2$)는 무차원 좌표 Z로 초기 포물선 과잉 간극수압을 설명하기 위해 정의된다.

식 (5.35)~(5.37)의 일반식은(Alonso & Krizek, 1975) 다음과 같다.

$$W(Z, T) = \int_R g(Z, T/Z_0, 0) f(Z_0) dZ_0 - \int_0^T dT_0 \int_S \frac{\partial g(Z, T/Z_0, T_0)}{\partial n_0} W(Z_0, T_0) dS_0 \tag{5.38}$$

여기서, R은 적분영역(본 사례의 경우 $Z=0$~2)이다. S는 R의 경계($Z=0$; $Z=2$), n_0은 경계에 수직방향(Z방향), $W(Z_0, T_0)$는 경계조건(본 사례는 등방), g는 압밀방정식과 관련된 Green function이다.

함수 $g(Z, T/Z_0, T_0)$는 등방의 경계조건인 경우 시간 $T=T_0$에 좌표 $Z=Z_0$에서 간극수압이 단위 '임펄스'만큼 증가했을 때 압밀방정식의 해이다. 이 문제에 대한 해는 다음과 같다.

$$g(Z, T/Z_0, T_0) = \sum_{n=1}^{\infty} \sin\left(\frac{n\pi Z_0}{2}\right) \sin\left(\frac{n\pi Z}{2}\right) \exp\left(\frac{-n^2\pi^2}{4}(T-T_0)\right) \tag{5.39}$$

식 (5.38)에서 $f(Z_0)$는 초기조건(본 사례의 경우 간극수압의 포물선 분포)이다.

따라서 식 (5.36)~(5.39)를 고려하면 다음 식을 얻을 수 있다.

$$W(Z,T) = \int_0^2 \left(\sum_{n=1}^{\infty} \sin\left(\frac{n\pi Z_0}{2}\right) \sin\left(\frac{n\pi Z}{e}\right) \exp\left(-\frac{n^2\pi^2 T}{4}\right) \right) \left(\overline{A} + \overline{B}Z_0 + \overline{C1}Z_0^2 \right)$$

$$= \sum_{n=1}^{\infty} \sin\left(\frac{n\pi Z}{2}\right) \exp\left(-\frac{n^2\pi^2 T}{4}\right)$$

$$\int_0^2 \left[\overline{A}\sin\left(\frac{n\pi Z_0}{2}\right) + \overline{B}Z_0\sin\left(\frac{n\pi Z_0}{2}\right) + \overline{C}Z_0^2\sin\left(\frac{n\pi Z_0}{2}\right) \right] dZ_0$$

$$= \sum_{n=1}^{\infty} \frac{2}{n\pi} \sin\left(\frac{n\pi Z}{2}\right) \exp\left(-\frac{n^2\pi^2 T}{4}\right)$$

$$\left\{ \overline{A}\left[(1)^{n+1} + 1 \right] + 2\overline{B}(-1)^{n+1} + 4\overline{C}\left[\frac{2}{n^2\pi^2}\left[(-1)^n - 1 \right] - (-1)^n \right] \right\}$$

$$(5.40)$$

5.6.5 유효응력과 수정 비배수 강도

케이슨 침강(물로 가득찼을 때) 14일 후 과잉간극수압을 계산하기 위해 식 (5.40)을 사용하였다. 식 (5.40)의 처음 5개 항을 더하면 거의 정확한 해가 구해진다. 계산된 간극수압도 그림 5.28의 수직 프로파일에 그려져 있다. 케이슨 침강 14일 후, 모든 과잉간극수압 프로파일이 깊이 7~13 m 사이에서 최댓값을 갖는 유사한 모양을 가진다. 평균 유효응력의 증가는 다음과 같이 계산된다.

$$\Delta\sigma_m' = \Delta\sigma_m - \Delta u \tag{5.41}$$

여기서, $\Delta\sigma_m$은 전응력의 증가량(그림 5.28에서 식 (5.27) $t=0$에 대한 프로파일)이며, Δu는 식 (5.40)을 통해 계산된다. 필요한 모든 정보는 그림 5.28의 그래프에 포함되어 있다.

$t=14$일에 수정된 유효응력은 초기응력상태와 식 (5.41)에 의해 계산된 증가량을 더하여 계산된다.

$c_u \approx 0.25\sigma_v$을 통해 계산된 새로운 c_u 프로파일을 그림 5.30에서 초깃값과 비교하였다. 케이슨 아래 처음 5 m에서는 c_u가 크게 증가하였다. 하부 배수경계에 가까이에서는 보다

작은 증가가 발생하여 케이슨 파괴하중의 증가에 미미한 영향을 미친다. 또한 하중구간($x >$ 19.60 m)을 넘어서면, 어떤 깊이에서건 비배수 강도의 증가는 매우 작은 것에 주의하여야 한다.

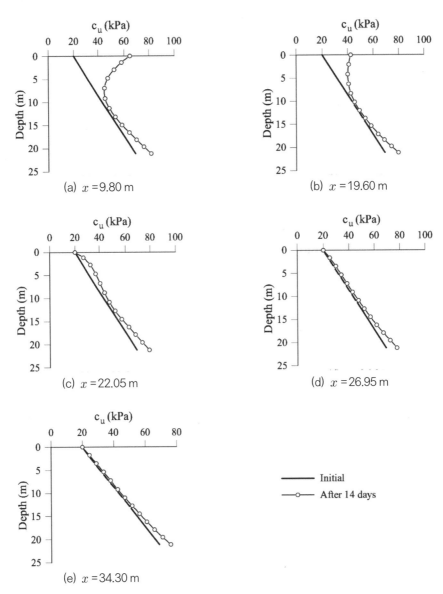

그림 5.30 그림 5.25에서 정의된 $x = 9.8, 19.6, 22.05, 26.95, 34.30$ m에 위치한 수직프로파일에서 비배수 강도. 각 그래프는 계산된 초기강도와 압밀이 시작되고 14일 후 강도(케이슨은 아직 물로 채워진 상태)

케이슨 아래의 c_u 값의 새로운 분포는 깊이에 따른 초깃값의 선형 증가와 비교할 때 근본적으로 다르다. c_u 값은 케이슨 바로 아래에서 극대값에 도달하고, 깊이에 따라 선형으로 증가하는 비배수 강도의 초기분포에 도달할 때까지 깊이에 따라 감소한다. 이 변화는 아래 설명과 같이 임계 파괴 메커니즘에 흥미로운 영향을 미친다.

케이슨 시공의 다음 단계는 총 설계하중(모래채움)까지 케이슨 하중을 증가시키는 것이었다. 새로운 하중에서 후속 압밀 과정뿐만 아니라 파괴에 대한 안전율이 계산된다. 이로 인해 폭풍이 도착했을 때 적용되는 비배수 강도의 분포가 수정되었다.

5.7 케이슨 총 중량. 파괴 및 추가압밀에 대한 안전율

그림 5.23에서 대칭의 얕은파괴 메커니즘(케이슨의 절반 너비)을 다시 고려해보자. 삼각쐐기의 가장자리에서의 소산작업은 3개의 값(두 개의 노드와 중간 지점)으로 근사된다. 예를 들어, 세그먼트 $A'B'$에서의 평균 c_u 값은

$$c_u^{A'B'} = \left(c_u^{A'} + c_u^1 + c_u^{B'} \right)/3 \tag{5.42}$$

여기서 c_u^1은 A'과 B' 사이의 중간지점의 강도이다. 내부 소산 작업의 계산은 앞서 개발된 절차를 따른다.

$$
\begin{aligned}
W_{\text{int}} &= \left[\left(c_u^{A'B'} + c_u^{B'E'} + c_u^{E'D'} \right) \right] \frac{b}{4\cos\alpha} \delta_1 + c_u^{B'C} b\cos\alpha\,\delta_1 + c_u^{A'E'} b\cos\alpha\,\delta_1 \\
&= \left[\left(c_u^{A'B'} + c_u^{B'E'} + c_u^{E'C} + c_u^{C'D'} \right) \frac{b}{4\cos\alpha} + \left(c_u^{B'C} + c_u^{A'E'} \right) b\cos\alpha \right] \delta_1
\end{aligned} \tag{5.43}
$$

외부일 W_{ext}는 식 (5.20)에 주어졌다. $W_{\text{ext}} = W_{\text{int}}$로 만들고 붕괴하중 Q를 분리하면

$$Q = \frac{2}{\sin\alpha}\left(\frac{W_{int}}{\delta_1}\right) \tag{5.44}$$

앞의 Q값은 α에 대해 최소화되어야 한다. 이 붕괴하중은 셀이 포화모래($Q/b = 220\,\text{kN/m}$)로 채워질 때 적용되는 순케이슨응력과 비교할 수 있다.

대안적인 파괴 메커니즘은 그림 5.24에 그려진 비대칭 영역이다. 움직이는 삼각형 쐐기의 움직임을 제한하는 세그먼트의 평균 c_u값은 이전 결과에 따라 계산된다. 내부 소산은 다음과 같고,

$$W_{\text{int}} = \frac{b}{2\cos\alpha}\left(c_u^{AB} + c_u^{BE} + c_u^{CD} + c_u^{EC}\right)\delta_1 + 2b\cos\alpha\, c_u^{BC}\delta_1 \tag{5.45}$$

$$W_{\text{ext}} = Q\sin\alpha\,\delta_1 \tag{5.46}$$

따라서 $W_{\text{int}} = W_{\text{ext}}$로부터

$$Q = \frac{1}{\sin\alpha}\left(\frac{W_{\text{int}}}{\delta_1}\right) \tag{5.47}$$

이제 각도 α에 대한 최소화 프로세스가 수행되어야 한다. 두 가지 경우(대칭 및 비대칭 메커니즘)는 이전방법과 방정식에 따라 Excel 시트를 이용하여 해결되었다. $t = 14$일에 대해서 다음 결과를 얻었다.

대칭 메커니즘

$$Q/b = 264\,\text{kN/m} \quad SF = \frac{264}{220} = 1.20 \quad \alpha = 56°$$

비대칭 메커니즘

$$Q/b = 244\,\text{kN/m} \quad SF = \frac{244}{220} = 1.11 \quad \alpha = 47°$$

두 메커니즘의 각도 α에 따른 파괴하중의 변화는 그림 5.31에 나와 있다. 임계 파괴 메커니즘은 이제 비대칭 메커니즘이다. 그 이유는 더 깊은 비대칭 메커니즘이 더 얕은 대칭에 비해 강도값이 더 낮기 때문이다. 이는 상부 소산경계(평균 응력이 최대이고 배수가 더 효과적인 쪽)에서 최대이고 깊이에 따라 감소하는 비배수 강도 증가의 영향이다.

계산된 최소 안전율은 작지만(≈ 1.1) 사실 케이슨은 모래를 채우고 하중 증가에 따른 새로운 압밀이 진행되었음에도 붕괴되지 않았다. 이 결과는 또한 개발된 상계계산이 실제 지지력을 크게 상회하지 않는다는 의미로 해석될 수 있다.

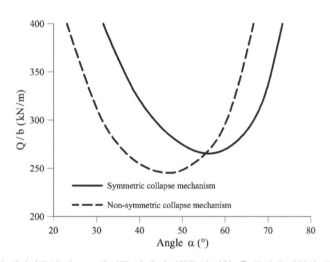

그림 5.31 파괴 메커니즘의 각도 α에 따른 상계 파괴하중의 변화. 총 중량에 대하여 케이슨 부분압밀

5.7.1 총 중량의 케이슨

모래채움 이후 압밀을 분석하는 가장 좋은 방법은 압밀 과정을 두 부분으로 나누어서 생각하는 것이다. 첫 번째는 단순히 케이슨 침강(물로 채워진 케이슨)에 의해 유발된 압밀의 연속이다. 두 번째는 새로운 하중작용 이후 신규 압밀 과정이다. 케이슨을 모래로 채운다는 것은 케이슨의 바닥에 $\Delta Q/b = 86\,\mathrm{kPa}$의 균등하중 증가를 의미하는 것으로 앞에서 계산되었다.

폭풍이 닥쳤을 때의 비배수 강도 분포 결정을 목표로 하여 이전의 분석을 반복한다. 따라서 평균 응력의 분포는 이제 $q = Q/b = 220\,\mathrm{kN/m}$에 대하여 식 (5.27)로 계산된다. 간극수압은 다음 두 가지 원인의 결과이다.

1) $t = 21$일 동안 지속된 $\Delta q = \Delta Q/b = 134\text{kN/m}$에 대해 계산된 과잉간극수압에 의해 유발된 압밀 과정
2) $t = 7$일 동안 지속된 $\Delta q = \Delta Q/b = 86\,\text{kN/m}$에 대해 계산된 과잉간극수압에 의해 발된 압밀 과정

분석은 이전에 설명된 단계를 따르며 여기에서는 반복하지 않는다. 비배수 강도 분포는 다음과 같이 계산된다.

$$c_u(21\text{days}) = c_u(\text{initial}) + \Delta c_u(t = 21\text{days; water filled caissons})$$
$$+ \Delta c_u(t = 7\text{days; sand filled caissons})$$

(5.48)

이 계산과정의 결과는 그림 5.32에 나와 있다. 수평좌표 $x = 9.8,\ 19.6,\ 22.05,\ 26.95,\ 34.30\,\text{m}$ (그림 5.25)에서 몇 가지 수직 프로파일에 대한 비배수 강도의 현재 프로파일과 c_u의 초기분포가 그려져 있다. 추가된 하중(모래 충전)이 유효응력과 그에 해당하는 가용한 비배수 강도로 변환되는 데 제한된 시간이 필요하다. 그럼에도 불구하고 케이슨 아래 기초지반의 상부층의 비배수 강도는 크게 증가되었다. 강도 프로파일은 케이슨 - 기초 접점에서 최댓값을 보여준다. 깊이에 따라 선형으로 증가하는 초깃값과 만나기 위해 깊이에 따라 강도가 다소 빠르게 감소한다. 이 분포는 그림 5.33에 2차원 단면으로 그려져 있다. 강도는 깊이에 따라 지속적으로 감소했지만 케이슨 압밀로 인해 상부 7 m 구간에서 '단단한' 지반중심이 형성될 수 있었음을 보여준다. 깊이 약 10 m 이후에는 초기 비배수 강도가 회복된다. 하부 배수층 부근에서 약간의 강도 증가가 계산된다.

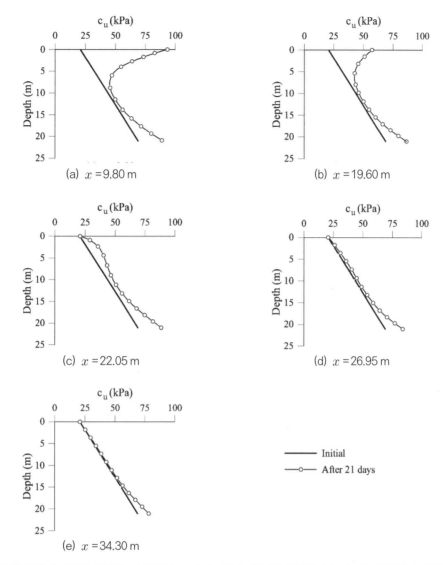

(a) $x = 9.80\,\text{m}$

(b) $x = 19.60\,\text{m}$

(c) $x = 22.05\,\text{m}$

(d) $x = 26.95\,\text{m}$

(e) $x = 34.30\,\text{m}$

— Initial
—o— After 21 days

그림 5.32 그림 5.25에 나와 있는 수평좌표 $x = 9.8$, 19.6, 22.05, 26.95, 34.30 m에 위치한 수직 프로파일에 대한 폭풍이 도달했을 때(케이슨 침강 후 $t = 21$일) 비배수 강도 c_u의 초기분포

그림 5.33에 나와 있는 강도분포에 대하여 다음과 같은 수직 붕괴하중과 안전율이 계산되었다.

1) 대칭 메커니즘: $q_{collapse} = Q/b = 313\ \text{kN/m}$ for $\alpha = 58°$,

$$SF = \frac{313}{220} = 1.42$$

2) 비대칭 메커니즘: $q_{collapse} = Q/b = 269 \text{ kN/m}$ for $\alpha = 44°$,

$$SF = \frac{269}{220} = 1.22$$

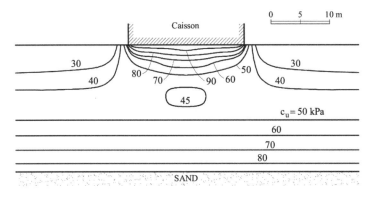

그림 5.33 계산된 폭풍 도착 시 가용 비배수 강도 분포

이것은 2001년 11월 11일에 동부 폭풍이 케이슨을 강타한 상황이다.

임계 메커니즘은 이제 명확하게 깊은파괴(비대칭)이다. 본 사례의 경우 대칭적이고 더 얕은 메커니즘의 경우 최대깊이가 6.72 m임에 반해 하부 파괴면은 9.46 m 깊이까지 도달한다. 이것은 케이슨 하중에 의해 생성된 '역전된' 비배수 강도 프로파일의 결과이다.

5.8 폭풍하중을 받는 케이슨

5.8.1 케이슨에 작용하는 파력

Goda(1985)는 수직제방에 작용하는 파력 계산법을 제안하였다. 파랑하중에는 노출된 벽에 작용하는 과잉압력과 케이슨 바닥에 작용하는 양압력 등 두 가지 구성요소가 있다. 이러한 추정 압력분포 개요도가 그림 5.34에 나와 있다.

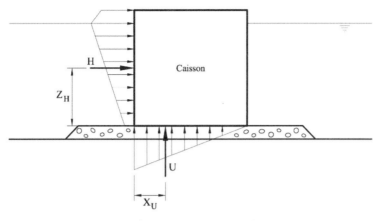

그림 5.34 Goda의 파랑압력

압력분포는 집중하중과 같다.

- ZH 높이에 작용하는 수평력 H
- 수평좌표 $XU = 1/3b$에 작용하는 양력 U

Goda 공식은 이 장의 부록에 자세히 설명되어 있다. 2001년 11월 11일 폭풍 시 기록된 최대유효파고(그림 5.3 참조)에 대해 다음의 힘과 작용지점이 계산되었다.

$$H = 779 \text{ kN/m}, \ ZH = 8.94 \text{ m}$$
$$U = 267 \text{ kN/m}, \ XU = b/3 = 6.5 \text{ m}$$

양력 U는 케이슨의 순중량을 줄인다. 이제 이 새로운 힘의 조합을 받는 케이슨의 안정성 조건을 추정해야 한다. 그러나 파력은 반복하중이므로 두 가지 분석이 수행된다. 먼저, 폭풍 파랑에 의해 유발된 최고 정적 힘(H와 V)에 대한 케이슨의 정적 안정성이 검토될 것이다. 그다음 반복 파랑하중에서의 지반 액상화문제가 평가될 것이다.

5.8.2 정적분석과 안전율

접근방식을 그림 5.35에 나타내었다. 중량 Q는 계산된 양력 U에 의해 감소되고 수평 파랑하중 H가 더해진다. 상계정리의 적용을 위해 가정된 파괴 메커니즘도 표시하였다. 케이슨 하부 쐐기의 가상 변위율 δ_1에 대하여 수직력 Q_r과 수평력 H만이 외부일로 작용한다. 이 경우 대칭 메커니즘을 더 이상 사용할 수 없으며, 비대칭 '깊은 심도' 메커니즘이 분석된다. 외부일은 다음과 같다.

$$W_{\text{ext}} = (Q - U)\delta_1 \sin\alpha + H\delta_1 \cos\alpha \tag{5.49}$$

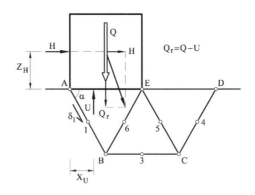

그림 5.35 중력과 정적 파력의 조합에서 파괴 메커니즘

내부 소산일은 이전의 전개과정을 따른다. 지반 내 비배수 강도는 현저히 불균일하게 분포되어 있으므로 계산은 메커니즘의 모서리(A, B, C, D, E)와 중간지점(1, 3, 4, 5, 6)에서 추정된 c_u 값을 근거로 한다. 또한 케이슨과 쐐기 ABE는 강체로 움직이므로 AE에서 전단소산은 발생하지 않는다. 따라서 소산일은 식 (5.45)와 (5.42)로 계산된다.

이제 파괴에 대한 안전율을 결정하는 데 보다 신중한 고려가 필요하다. 본 장에서 지금까지 안전율은 (상계정리를 통해 결정된) 한계 수직하중과 케이슨 중량으로 정의되는 케이슨에 의해 유발되는 실제 하중 간의 비율로 정의되었다. 그러나 현재 케이슨에는 세 가지 다른 힘(자중 Q, 수평하중 H, 양력 U)이 작용하고 있다.

파괴를 실질적으로 유발하는 힘과 실제 힘을 구분할 것이다(Q^{real} vs $Q^{failure}$ 등). 단일 안전율 SF는 다음과 같이 정의된다.

$$SF = \frac{Q^{\text{failure}}}{Q^{\text{real}}} = \frac{H^{\text{failure}}}{H^{\text{real}}} = \frac{U^{\text{failure}}}{U^{\text{real}}} \tag{5.50}$$

파괴하중을 정의하는 상계평형방정식($W_{\text{ext}} = W_{\text{int}}$)은 다음과 같이 나타낼 수 있다.

$$SF\left[\left(Q^{\text{real}} - U^{\text{real}}\right)\sin\alpha + H^{\text{real}}\cos\alpha\right] = \frac{W_{\text{int}}}{\delta_1} = W_{\text{int}}^* \tag{5.51}$$

이 방정식은 안전율을 다음과 같이 정의한다.

$$SF = \frac{W_{\text{int}}^*}{\left(Q^{\text{real}} - U^{\text{real}}\right)\sin\alpha + H^{\text{real}}\cos\alpha} \tag{5.52}$$

W_{int}^*는 α의 함수이며 α에 대한 식 (5.52)의 최소화를 통해 최적의 SF 상계근사치를 구할 수 있다.

이제 식 (5.45)에 주어진 W_{int}의 항들을 고려하여 보자. 사실 이것은 서로 다른 위치(c_{uj})(메커니즘의 노드 및 보조 중간점)에서 취한 c_u값의 가중치 합이다.

$$W_{\text{int}}^* = \sum_{j=1}^{N} \beta_j c_{ij} \tag{5.53}$$

여기서 β_j는 메커니즘의 형상에 의존하는 계수이다.

따라서 외부일과 내부 소산 사이의 균형을 설정하는 식 (5.51)을 다음과 같이 작성할 수 있다.

$$SF\big[(Q^{\text{real}} - U^{\text{real}})\sin\alpha + H^{\text{real}}\cos\alpha\big] = \sum\beta_j c_{ij} \tag{5.54}$$

또는

$$(Q^{\text{real}} - U^{\text{real}})\sin\alpha + H^{\text{real}}\cos\alpha = \sum\beta_j \frac{c_{ij}}{SF} = \sum\beta_j c_{ij}^* \tag{5.55}$$

여기서

$$c_{ij}^* = \frac{c_{ij}}{SF} \tag{5.56}$$

c_{ij}^*는 실제 하중의 관점에서 상계 메커니즘에서의 균형을 만족시키는 데 필요한 발현 비배수 전단강도(mobilized undrained shear strength)이다.

그러나 이 정의는 본질적으로 한계평형해석에 사용되는 안전율 개념, 즉 실제 하중에 대하여 정확한 평형에 도달하기 위해 강도 매개변수에 적용되어야 하는 감소계수와 유사하다.

하중비로서 식 (5.50)에서 정의된 안전율이 식 (5.56)에서는 강도감소계수가 된다는 사실은 단순히 파괴하중과 비배수 강도가 선형관계이기 때문이다. 이는 비배수 안정해석의 경우인 경우에만 해당되며, 파괴하중($\tan\phi'$)과 배수강도 매개변수는 선형관계에 있지 않기 때문에 배수분석과는 거리가 멀다.

식 (5.56)은 안전율의 정상적인 '지반공학적' 정의로 보아야 한다. 이는 비배수 분석조건에서만 하중비(식 (5.50))와 동일하다.

그러나 안전율은 이론적이거나 특별히 정확한 불확실성의 척도가 아니다. 다른 대안들이 설계자의 요구에 적합할 수 있다. 예를 들어, 지금 논의되는 사례에서는 케이슨 중량(Q_{real})에 비해 파랑하중이 다소 불확실하다고 주장할 수 있다. 지반의 비배수 강도를 잘 알고 있다고 할 수도 있다. 그러면 파랑하중에 의한 파괴위험을 판단하기 위해 안전율을 다음과 같이 정의할 수 있다.

$$SF^* = \frac{H^{\text{failure}}}{H^{\text{real}}} = \frac{U^{\text{failure}}}{U^{\text{real}}} \tag{5.57}$$

그다음 이전의 단계에 따라 SF^*는 다음과 같이 얻을 수 있다.

$$SF^* = \frac{W_{\text{int}}^* - Q^{real}\sin\alpha}{H^{\text{real}}\cos\alpha - U^{\text{real}}\sin\alpha} \tag{5.58}$$

이 α의 함수는 이제 상계정리와 관련된 절차에 따라 최소화되어야 한다.

다음 힘의 조합 $Q^{\text{real}} = 4{,}312\,\text{kN/m}$, $H^{\text{real}} = 779\,\text{kN/m}$; $U^{\text{real}} = 267\,\text{kN/m}$과 폭풍 도달 시 계산된 c_u값의 분포($t = $ 첫 번째 침강 후 21일)에 대해 안전율 SF와 SF^*가 계산된다.

메커니즘을 정의하는 계산된 안전율 및 각도 α는 다음과 같다.

$$SF = 1.10(\alpha = 41°), \ \ SF^* = 1.77(\alpha = 41°)$$

이 계산은 정적 파력이 케이슨의 일반화된 파괴를 유발하기에는 충분하지 않다고 나오지만 고전적인 안전율의 정의인 식 (5.56)을 고려하면 상당히 파괴에 가깝다고 분석된다. 상계 메커니즘이 실제와 거의 비슷한 값을 추정하였다는 것을 상기할 필요가 있다. 케이슨에 모래를 채운 후 우리는 $SF = 1.1$로 예측했으며, 실제로 케이슨은 파괴되지 않았다!

SF^*가 높은 값이라는 사실은 위험도 측정의 척도가 주어진 안전율의 정의를 기반으로 해야 함을 나타낸다. 정의가 변경되면 위험도 척도도 변경해야 한다. 이 책에서 안전율은

식 (5.56)에서 비배수 조건에 대해 정의된 강도감소계수이다.

케이슨의 깊은파괴는 기초지반이 액상화와 관련된 강도가 추가로 감소되었다는 것도 의미한다. 다음 절에서는 기초지반의 액상화에 대해 설명하고자 한다.

5.8.3 액상화 분석

수평하중을 받는 케이슨의 안정성은 실무에서 지지력(또는 전반적인 안정성), 바닥면 활동, 전도와 같은 몇 가지 파괴 가능성을 검사하여 확인한다. 앞 절에서는 파랑하중의 정적 추정값과 결합되거나 또는 결합되지 않은 중량에 대한 케이슨의 지지력이 논의된다. 파괴 후 조사결과 활동 또는 전도 파괴모드는 확인되지 않았다.

파괴 후 케이슨의 깊은 함몰(그림 5.5)과 파괴유형(바다 방향으로 케이슨 윗면의 기움)은 지반액상화가 파괴에서 중요한 역할을 했다는 것을 말해준다. 그림 5.13의 반복 상호영향도 (cyclic interation diagram)는 액상화 조건이 정적 또는 평균 전단응력비, 반복비(cyclic ratio), 가해진 사이클 수에 의해 정의된다는 것을 보여준다.

여기서는 포괄적인 동해석을 수행하는 대신 다음과 같은 단순화된 접근방식을 따르기로 한다.

1) 수평면의 전단응력(τ_{xz})은 다음 두 가지 상태에 대하여 기초에서 계산된다.
   - 케이슨 중량
   - 파랑작용

   이 계산에는 탄성이론이 사용된다.

2) 응력비(수직유효응력에 대한 전단응력)가 계산된다. 수직유효응력($\sigma z'$)의 분포는 폭풍 도달시점의 압밀시간과 연관된다(케이슨 침강 후 $t = 21$일).

3) 계산된 응력비는 반복 상호영향도에서 제공된 값과 비교된다. 폭풍에 의해 작용되는 반복하중 추정횟수에 대하여 기초지반의 지점은 안정영역 또는 불안정한(액상화) 영역에 속할 수 있다. 액상화 조건을 '만족시키는' 지점은 비배수지반강도가 포스트 액상화

상태로 감소하는 영역으로 정의된다.

4) 상계 방법론을 따르는 새로운 안정성 분석이 수행될 것이다. 비배수 강도의 공간적 분포는 이제 초기상태(깊이에 따른 c_u의 선형적 증가), 케이슨 중량에 의한 이전 압밀이력, 액상화 영역의 c_u 감소값의 결과다.

a) 수평면에서의 전단응력

케이슨 중량에 따른 하부 응력 분포를 고려해보자. 지반 내 주응력에 대한 설명은 그림 5.36에 나와 있다. 최대주응력은 바닥면의 하중축 방향이다. 케이슨 축을 기준으로 대칭인 두 점(A와 B)이 그림에 표시되어 있다. 동일한 그림(그림 5.36b)에 있는 두 Mohr원은 점 A 또는 B를 통과하는 모든 면의 수직 및 전단응력을 제공한다. 그림에 표시된 극점 P를 통해 원의 방향이 결정된다.

점 B에서 수평면에서의 전단응력 τ_{xz}는 x축 증가방향이다. 그러나 대칭점 A에서 τ_{xz}는 반대부호를 갖는다. 수직 케이슨 축에서 최대주응력은 수직이며 수평 또는 수직평면에서 전단응력은 0이다.

따라서 케이슨 수직하중은 그래프(그림 5.36c)의 원점에 대해 점대칭인 수평면 상의 전단응력 분포를 유발한다. 원점에서 전단응력은 0이며, 케이슨 기초영역으로부터 멀어지는 x-거리(음 또는 양의 방향으로)가 증가하면 결과적으로는 없어진다. 따라서 x-좌표와 평행한 직선을 따라 그려질 때 전단응력은 $x = b/2$에서 0으로 시작하여 축에서 일정거리 떨어진 위치에서 최댓값을 갖고 거리에 따라 다시 감소한다. 그림 5.36c 그래프는 앞선 관측결과를 따르는 가로축상 τ_{xz}를 정성적으로 나타낸 것이다.

무한 균등 띠하중 아래 τ_{xz}의 분포는 식 (5.26d)에 주어졌다. 폭풍 직전 케이슨 중량 아래 여러 수평면상의 전단응력 계산값은 그림 5.37에 나와 있다. 이러한 전단응력은 지반에서 정적영구전단으로 간주된다. 지반 전체에서 유효주응력 방향이 수직 및 수평방향인 초기 지반응력상태에서는 수평면에 전단이 발생하지 않는다.

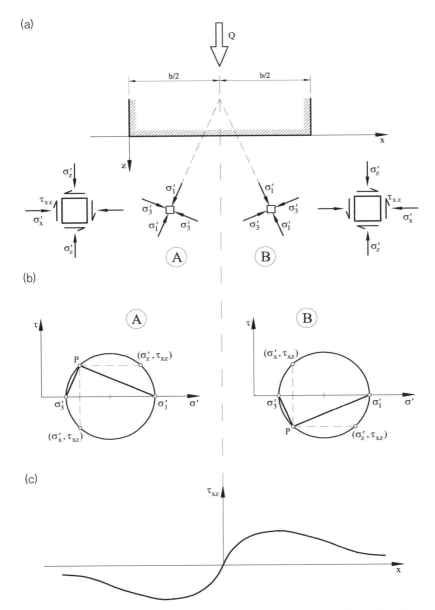

그림 5.36 (a) 케이슨 중량하의 응력 분포 (b) Mohr diagram (c) 수평면의 전단응력 분포

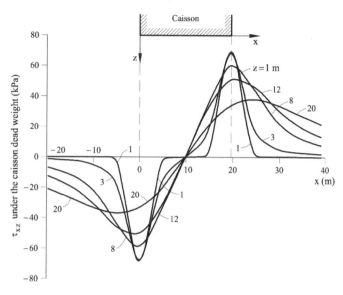

그림 5.37 케이슨 사하중에 따른 깊이 $z = 1, 3, 8, 12, 20$ m 깊이에서 τ_{xz} 계산값

예측된 바와 같이 전단응력의 경사대칭(skew-symmetric)분포와 케이슨 축으로부터 일정 거리에서 최댓/최솟값이 존재함에 유의하자. 기초 표면에 가까운 위치에서는 재하에서 제하로 전환되는 위치에서 피크값이 계산된다. 뾰족한 전단영역에서 멀어지면 전단응력의 절대값은 작다. 깊은 위치에서는 피크가 '넓어지고' 전단응력이 더 고르게 분포한다. 케이슨 중량은 깊은 위치에서 상당한 전단응력을 유발한다. 단단한 사질토층 상부 실트질 기초지반의 하한 경계인 20 m 깊이에서도 최대 전단응력은 40 kPa에 가깝다.

전단응력의 부호(양 또는 음)는 한계조건을 동일하게 유발할 수 있기 때문에 특별히 중요하지 않다(등방성 지반 특성이 가정됨).

이제 그림 5.38의 파랑작용을 고려해보자. 케이슨 바닥 위의 높이 ZH에 작용하는 수평합력 H는 기초바닥의 전단력 H 및 모멘트 $MH = H \cdot ZH$와 등가가 된다. Goda(1985) 방법에 따라 케이슨-지반 인터페이스에서 과잉수압의 삼각형 분포도 작용하고 있다. 이는 균등한 양력 U와 모멘트 MU와 등가이며, MH에 더해진다. 2001년 11월 11일의 폭풍에 대한 이러한 힘의 값은 부록에서 계산된다.

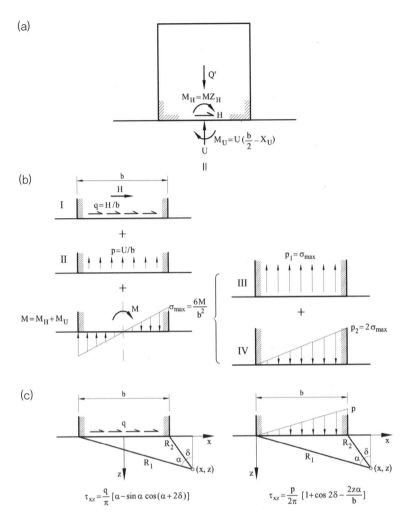

그림 5.38 (a) 파랑하중이 있을 때 케이슨에 작용하는 하중 (b) 케이슨 – 기초 인터페이스에서의 응력 (c) 경계부 등분포 전단력과 삼각분포 수직하중으로 유발된 지반 내 전단응력 τ_{xz}

파랑으로 인해 유발된 힘의 조합은 케이슨 기초 접촉면에 대한 다음 응력세트와 등가이다.

I: H방향으로의 전단응력 $q = H/b$

II: 균등한 양압력 $p = U/b$

III: 균등한 양압력 $p_1 = \sigma_{max} = 6M/b^2$ (여기서 $M = MH + MU$)

IV: 최댓값이 $p_2 = 2\sigma_{\max} = 12M/b^2$인 삼각분포 수직압축응력

Case II와 III에 대한 지반 내 응력 분포는 이미 식 (5.26)에 주어졌다. Poulos & Davis(1973)는 또한 Case I과 IV에 대한 탄성해를 제시하였다. 이 두 가지 하중 Case에 대한 전단응력 τ_{xz}는 그림 5.38c에 나와 있다.

그림 5.39는 다음 반복하중 $H = 779\,\mathrm{kN/m}$; $MH = H \cdot ZH = 7{,}242\,\mathrm{kN \cdot m/m}$, $U = 267\,\mathrm{kN/m}$; $MU = 869\,\mathrm{kN \cdot m/m}$에 대해 산정된 전단 및 수직응력을 보여준다. 이 산정값들은 부록에서 가져왔다. 이제 전단응력 분포의 비대칭성은 없어진다. 그러나 얕은 깊이에서 피크값은 케이슨 가장자리 근처에 다시 집중된다. 또한 인터페이스에 가해지는 전단력은 케이슨 바닥 아래 얕은 깊이에서 상당한 전단응력을 발생시킨다. 반복 전단응력은 정적 전단응력과 동일한 크기이다.

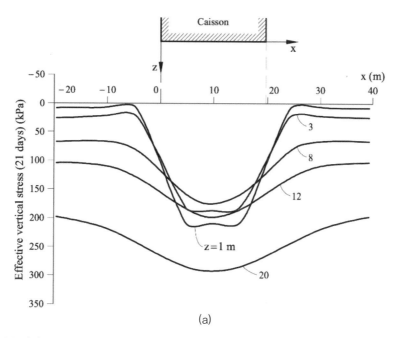

(a)

그림 5.39 깊이 $z = 1$, 3, 8, 12, 20 m에서 계산된 (a) 정적 유효수직응력 $\sigma_v{'}$와 (b) 반복 전단응력 τ_{xz}

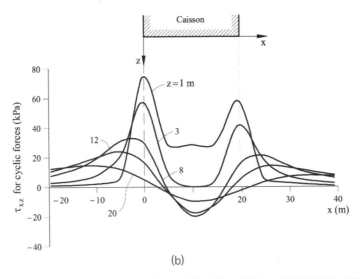

(b)

그림 5.39 깊이 z = 1, 3, 8, 12, 20 m에서 계산된 (a) 정적 유효수직응력 $\sigma_v{}'$ 와 (b) 반복 전단응력 τ_{xz} (계속)

b) 응력비

수평면의 수직유효응력은 앞에서 계산되었다. 전단응력이 정규화하기 위해 필요하므로 그림 5.39(b)에 유사한 위치에 대하여 그려져 있다. 수직유효응력이(얕은 깊이에서는 완전압밀로 인해) 케이슨 바닥에 근접한 구간에서는 높은 값에 도달하는 것을 보여주기 위해 그림 5.40에 수직프로파일도 나와 있다. 수직유효응력은 약 7 m 깊이까지 감소하고 토압(초기상태)이 다시 우세할 때 증가한다.

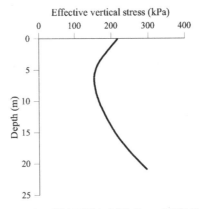

그림 5.40 x = 14.70 m에서 케이슨 침강 후 t = 21일 때 유효수직응력

$\tau_{ave}/\sigma_v{}'$와 $\tau_{cycl}/\sigma_v{}'$의 비가 계산되었다. 이 응력비는 그림 5.41a, b에 같은 깊이에 대하여 그려져 있다. 두 그림에서 하중을 받는 영역과 하중을 받지 않는 영역 사이의 전이구역 내 얕은 깊이에서 응력비가 매우 높은 값에 도달하는 것을 볼 수 있다. 물론, 이러한 높은 응력비는 지반이 저항할 수 없으며, 응력 재분배가 발생한다. 그러나 이 그림은 케이슨의 가장자리 얕은영역이 소성화되는 것을 보여주며, 특히 반복하중에 대해 위험하다. 케이슨 아래에서는 높은 구속압으로 인해 응력비가 급격히 감소한다. 깊이가 증가하면서 하중을 받는 영역과 하중을 받지 않는 영역 사이 전이구간은 임계상태로 유지된다. 그림 5.41의 응력비는 반복 상호영향도와 비교하면 더 잘 이해할 수 있다.

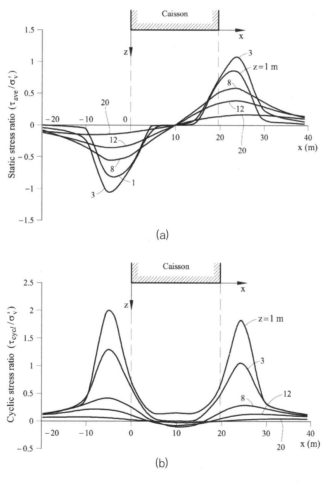

그림 5.41 (a) 정적(또는 평균) 응력비 (b) 반복 응력비

c) 액상화 영역

계산된 응력비는 그림 5.13에 주어진 반복 상호영향도와 비교하였다. 불안정 또는 액상화 영역에 해당하는 응력비가 그림 5.42에 표시되어 있다. '안정' 영역은 두 가지 조건, $\tau_{cycl}/\sigma_v' < 0.15$와 $\tau_{ave}/\sigma_v' < 0.25$의 단순화된 방식으로 정의되었다. 이 직사각형 영역 외부에서는 지반이 액상화에 도달한 것으로 가정한다. 한계 반복응력비(0.15)는 100~200회의 반복응력이 가해지는 경우 근사적으로 적용 가능하다. 이는 폭풍이 최대강도(유효파고 4 m)에 도달할 때의 파랑 충격 수에 가깝다.

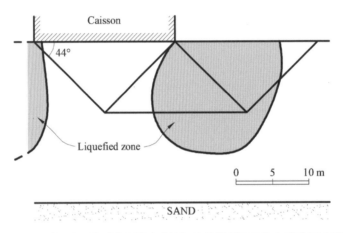

그림 5.42 폭풍 반복하중에 의해 유발된 케이슨 아래 액상화 영역과 임계 파괴 메커니즘

액상화 영역은 케이슨의 양쪽 모서리에 두 개의 넓은 원형구간으로 정의된다. 그들은 최대 약 14 m깊이까지 도달한다. 그러나 케이슨 중앙구간 하부에서는 액상화 조건이 발생하지 않는다(그림 5.42).

액상화 영역의 비배수 강도는 그림 5.14에 나와 있다. 산재된 정도도 높고 어느 정도 신뢰성을 가지고 값을 선택하기는 어렵지만, 이 그래프로부터 최대치에 가까운 포스트 액상화 강도 $c_u = 0.06\sigma_v' = 0.09\sigma_m'$을 채택하여 지반 액상화에 대한 안정성을 평가하였다.

d) 케이슨의 안정성

분석의 마지막 단계는 기초지반의 일부가 액상화될 때 파괴조건을 계산하는 것이다. 파괴 메커니즘은 케이슨기초 바깥쪽(leeward side)에 위치한 액상화 영역을 통과한다(그림 5.42). 비액상화 영역 내 비배수 강도의 분포는 앞에서 보고되었다. 액상화 영역 내에서 $c_u = 0.09$ σ_m'이다.

각도 $\alpha = 44°$로 정의된 임계 메커니즘에 대해서 식 (5.52)에서 정의된 안전율을 계산하면 0.56으로 떨어진다. 액상화 영역이 비교적 높은 잔류 비배수 강도값($0.09\sigma_m'$)을 가진다 하더라도 안전율의 저하는 매우 크다.

보다 큰 강도 감소가 발생하면 안전율은 매우 낮은 값으로 떨어진다. 이 결과는 파괴로 인해 케이슨이 깊게 함몰한 것을 설명하는 데 도움이 된다.

5.9 결과 토론

소성의 상계정리를 통해 불안정한 지지력의 추정치를 얻게된다. 비배수 지반강도를 높이기 위해 사용가능한 해석식과 비교하면 여기서 채택한 파괴 메커니즘에 대해 에러가 17% 수준일 수 있다. 그러나 이 메커니즘은 단순하면서도 제한된 노력으로 비배수 전단강도의 복잡한 공간적 분포를 맞출 수 있다. 그러나 다른 관점에서 이 한계점을 고려하여 보자. 그림 5.43은 케이슨 침강시점($t = 0$)부터 21일 후 파괴 시까지 시간에 따른 케이슨의 안전율 변화를 보여준다. 적절할 때 대칭(얕은) 및 비대칭(깊은) 메커니즘이 고려된다. 안전율의 그래프의 시간에 따른 변화는 최솟값을 따른다.

상계해를 정확한 추정값으로 가정하여 계산된 안전율은 정확한 값에는 주의를 기울이지 말고 그 변화에 주의를 기울여서 순서대로 고려해야 한다. 시간에 따른 변화는 가장 귀중한 정보이다.

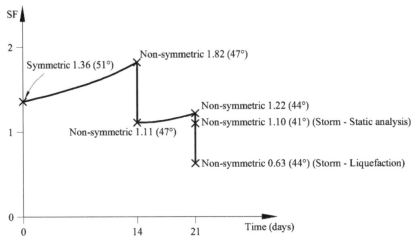

그림 5.43 지지력 파괴에 대한 케이슨 안전율(괄호 안은 파괴 메커니즘의 임계각도 α)

케이슨이 첫 번째 침강될 때 파괴되지 않았다는 사실은 계산과 상관없이 $t=0$에서 기준조건($SF>1$)을 제공한다. 얻은 결과를 고려할 때, SF의 실제값은 1.3 수준이었을 것으로 추정된다. 파괴 메커니즘이 유지되는 기술된 계산과정을 통해 $t=21$일에는 파랑작용에 대한 정적등가하중인 SF값이 1보다 크기는 하지만 1에 가까운 값이 된다.

따라서 케이슨의 파괴와 깊은 함몰은 반복 파랑하중과 관련된 강도손실 메커니즘을 통해 설명되어야 한다고 결론지었다. 지반액상화 현상은, 특히 파괴된 케이슨이 기초지반에 깊이 파묻힌 것을 고려할 때, 강도손실을 설명할 수 있는 타당한 근거 중의 하나로 보인다. 물론 그림 5.13에 종합되어 있는 축적된 경험으로 고려할 때, 실트질 삼각주 퇴적물은 액상화되기 쉽다. 자연토사의 순환이동도(cyclic mobility diagram)에서 영감을 얻은 절차를 통해 액상화 가능성을 분석한 결과 케이슨 기초지반의 넓은 영역이 2001년 11월 11일의 폭풍우 때 임계상태에 도달했음을 알 수 있다. 비배수 강도의 손실이 중간 정도인 경우에도 안전율이 크게 감소하는 것으로 계산된다. 바꾸어 말하면, 유사정적 파랑하중하에서 $t=21$일의 안전율과 상관없이 기초지반의 액상화는 치명적인 파괴를 유발할 수 있다. 이 설명은 실제 파괴하중 추정에 약간의 오차가 있더라도 파괴의 조건과 원인을 분석하기 위해 유용하고 간단한 절차로 상계계산법을 적용하는 데 도움이 된다.

그림 5.43과 관련하여 모래충전의 정확한 시간에 대한 일부 불확실성이 남아 있다. 그러나 케이슨이 전체 무게로는 파괴하지 않았기 때문에 이 불확실성이 특별한 의미는 없다. 물 충전과 모래충전 사이에 더 짧은 시간이 소요되고 이 짧은 시간간격으로 모래충전 작업 시 $SF < 1$이 되었다면 초기 SF는 여기에서 계산된 값보다 약간 높았음을 의미한다. 개발된 절차는 다른 일련의 이벤트에 적용될 수 있다.

이 장에서 분석된 운동학적 메커니즘은 케이슨의 수직변위를 암시한다. 실제 파괴 메커니즘에는 지반액상화와 관련되었을 수 있는 회전 구성요소(그림 5.5 참조)도 포함되었다. 선택된 메커니즘은 근사치일 뿐이지만 파괴를 초래한 일련의 이벤트를 충분히 설명할 수 있다.

액상화 분석에도 한계가 있다. 지반항복이 응력장을 재분배하기 때문에 기초의 일부영역(케이슨 가장자리 근처)에서 계산된 큰 응력비는 발생할 수 없다. 그러나 고전적인 탄성응력 분포(균질한 지반 프로파일에 대한 탄성상수와는 무관)는 기초지반의 확장된 영역에 대한 합리적인 근사치를 제공한다.

반면, 그림 5.44의 평균 정적응력비와 최대응력비(평균＋반복)의 그래프는 기초지반의 일부영역에서 전단응력 역전(reversal)이 발생했음을 나타낸다. 실제로, 전단응력 역전(τ_{xz} 부호의 변경)이 액상화 조건의 보다 효율적이고 빠른 발전을 일으킨다는 것이 밝혀졌다(아래 고급주제 5.12절 참조). 그림 5.13의 반복 상호영향도로 이어지는 테스트 프로그램은 전단응력 역전을 고려하지 않았으며, 이것이 오차의 원인일 수도 있다. 이 경우 실제 현장조건은 실험조건보다 다소 더 위험하다.

파랑충격하중의 '특징'은 반복 직접전단시험에서 부과되는 규칙적인 정현파나 규칙적인 응력변동과는 거리가 먼 것으로 알려져 있다. 그림 5.45는 유의파고 11 m의 폭풍에 대한 충격력의 시간에 따른 변화를 보여준다(Alonso & Gens, 1999). 조건은 서로 다르지만 그래프는 현장 충격력이 짧은 시간간격에 집중되는 경향이 있음을 나타낸다. 남은 시간 동안 파랑주기 내에서 파력은 작게 유지된다. 이것 역시 실내시험과 현장조건의 차이다.

4개의 파괴된 케이슨은 본질적으로 고립되어 바다에 둘러싸인 조건에 있었다. 따라서 육지 방향으로의 파력만 고려되어야 한다. 케이슨이 수역을 보호하는 경우, 파랑골은 바다 방향으로 불균형 정수압을 일으킨다. 본 사례에서 응력역전을 향상시키는 이러한 하중은 거의 없었다.

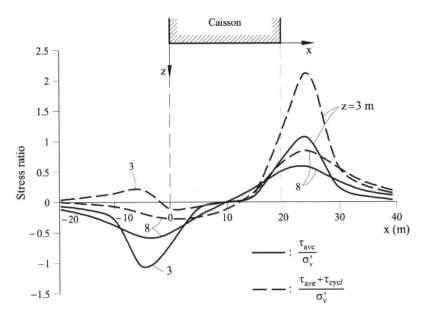

그림 5.44 평균 및 최대응력비 분포

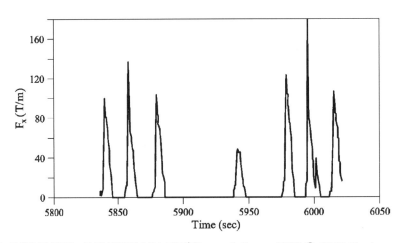

그림 5.45 제방에 작용하는 충격 파력의 부분 기록(Alonso & Gens, 1999 © 1999 Taylor and Francis Group. Used with permission)

5.10 대책 공법

다음 완화공법 중 하나 또는 여러 가지를 조합하여 파괴를 피할 수 있었다.

5.10.1 케이슨 중량에서 압밀시간의 증가

케이슨 거치 후 시간 여유가 있다면 안전율뿐만 아니라 자연지반의 비배수 강도가 증가할 것이다. 그러나 폭풍이 내습하는 시간은 조정할 수 없기 때문에 파괴위험은 상존한다. 예를 들어 바르셀로나의 지중해 환경에서 여름이 시작되는 시점에 케이슨이 침강되었다면 몇 개월 동안 강한 폭풍우가 공사현장을 치지 않았을 가능성이 있다. 그러면 압밀도가 증가되었을 것이고, 이 경우 설계폭풍에 견딜 수 있는지 확인하면 된다. 그러나 액상화가 발생한다면 기존의 접근 방식은 소용이 없었을 것이다.

5.10.2 조립질 제방크기의 증가

두께와 횡방향 범위 모두 적절히 설계되어야 한다. 두께를 증가시키면 조립토층을 가로지르는 임의의 잠재적 파괴면에 대한 배수 마찰저항이 증가된다. 횡방향 범위를 늘리면 잠재적인 파괴면의 크기가 증가하거나 파괴면이 조립토 제방을 통과하도록 만든다. 이것은 좋은 해결책이기는 하지만 고려해야 할 몇 가지 주의사항이 있다.

- 사전에 준설을 하지 않고 제방의 두께만을 증가시키면 케이슨 주변 항해요건이 손상(항해방해)될 수 있다.
- 연약한 정규압밀 토사 준설 시 안정성을 보장하기 위해 매우 완만한 경사(약 1 : 10)가 필요하다. 환경문제(수질오염)도 다뤄야 한다.
- 준설토가 조립토로 치환되는 경우, 유효응력이 크게 변하지 않기 때문에 하부 원지반의 비배수 강도는 기본적으로 변하지 않는다(조립토와 연약점토의 단위중량은 유사하다).
- 과잉하중 재하 전 수직배수재를 가까운 간격(예: 1~3 m)으로 설치하면 압밀시간이 크게 단축된다.

5.10.3 기초지반의 개량

기초지반의 개량은 비싼 옵션이다. 선행하중은 c_u를 증가시키지만 이것은 해상 환경에서 시간이 많이 걸리고 비용이 많이 드는 작업이다. 관련된 문제점(항해의 방해, 물의 탁도 증가)도 있다. 지반강도는 다른 기술로도 개선될 수도 있다. 말뚝 또는 쇄석기둥을 설치하거나 지반을 타격하는 동다짐을 수행하여 지반개량이 가능하다.

5.10.4 케이슨 폭의 증가

케이슨 폭을 늘리면 지지력이 증가하고 액상화 위험이 줄어든다. 그러나 개선 효과는 비교적 작으며, 적절한 안전을 보장하기 위해 케이슨 폭을 크게 증가시켜야 한다.

5.10.5 파괴 이후

케이슨은 바지선에서 반복적으로 하중을 낙하시켜 현장에서 철거된 후 쇄석으로 덮였다. 최종적으로 제방 형태의 방파제가 케이슨 1에서 4 위치에 건설되었다. 파괴한 케이슨의 묻힌 부분은 그대로 놔두었다.

5.11 사례 교훈

5.11.1 정규압밀된 연약지반상 기초

공해상에서 소성이 낮고 정규압밀된 실트 및 실트질 점성토 퇴적물 위에 놓여진 케이슨 제방 기초를 안전하게 설계하기 위해서 중요한 지반공학적 도전을 제시하였다. 설명된 사례는 케이슨 중량 및 파랑하중하에서 전반(또는 지지력) 파괴에 대한 안전율의 적절한 평가가 어렵다는 것을 보여준다.

5.11.2 케이슨 하중으로 인한 강도 변화

전반 또는 지지력 유형의 파괴를 분석할 때는 다음과 같은 측면을 고려해야 한다.

- 케이슨 침강과 이후 중량 증가의 전개 과정
- 케이슨 중량 증가 이력에 따른 압밀 과정
- 압밀로 인한 강도 증가
- 설계 폭풍우 시 파랑에 의해 유발되는 힘
- 반복하중하에서 지반 액상화 위험(기초지반이 액상화되기 쉬운 경우. 그림 5.10 참조)

이 이벤트 순서를 고려하는 단계별 절차가 이 장에서 설명되었다. 압밀 과정의 분석은 일반적인 포물선 형태의 초기 과잉간극수압하에서 1차원 압밀방정식을 위한 닫힌 형태 방정식(closed form solution)의 개발이 필요하였다.

5.11.3 비배수 vs 배수 분석

투수계수가 낮은 연약지반에서 가장 위험한 한계조건은 비배수 파괴다. 본 사례의 경우, 외부 파괴하중은 비배수 강도와 선형관계에 있다. 이는 파괴하중과 가해진 하중의 비로 계산되는 안전율과 실제 외부하중하에서 엄밀한 평형에 도달하기 위해 필요한 현장 비배수 강도 감소계수로 계산되는 안전율이 동일해야 함을 의미한다. 이것은 배수강도가 관련된 경우(예를 들어 조립토 제방이 치명적인 파괴에 크게 영향을 받는 경우)에는 해당되지 않는다.

5.11.4 비배수 강도의 변화

정규압밀된 깊은 토사층(깊이에 따른 c_u의 선형적인 증가)의 비배수 강도의 초기 프로파일은 케이슨에 의한 압밀 과정 중 크게 바뀐다. 상향배수가 허용되는 경우(일반적인 경우), 비배수 강도는 처음에는 깊이에 따라 감소하다가 토압분포가 프로파일을 다시 지배하게 되는 특정깊이를 넘어서면서 다시 증가한다. 시간에 따른 안전성의 점진적 변화를 적절히 추정하기 위해 지지력 분석에서는 이러한 비배수 강도의 변화를 고려할 수 있어야 한다. 소성의 한계정리는 제한된 계산노력으로도 이러한 것이 가능하다.

5.11.5 c_u의 공간적 분포가 파괴모드를 제어

임계파괴 메커니즘은 c_u의 공간적 분포에 의해 제어된다. c_u의 선형적 증가는 얕은파괴 메커니즘을 발생시킨다. 깊이에 따른 강도 감소는 더 깊은파괴 메커니즘을 일으킨다.

5.11.6 하중 유형 및 파괴 메커니즘

순수하게 수직하중(자중)과 깊이에 따라 선형적으로 증가하는 c_u 조건에서는 하중축에 대한 이중 대칭메커니즘이 가장 위험한 메커니즘이다. 그러나 수평하중이 발생하면 이중 대칭 메커니즘은 더 이상 가능하지 않으며, 비대칭 파괴 메커니즘을 고려해야 한다.

5.11.7 안전율의 대안적 정의

안전율은 다른 방법으로 정의될 수 있다. 가능할 때마다 한계평형분석에 사용되는 고전적인 정의(발현(mobilized) 강도에 대한 현장강도의 비)를 사용해야 한다. 부분 안전율(배수 점착력과 마찰계수)의 사용이 이 범주에 속한다. 그러나 일부 하중조건 또는 정확히는 파괴 메커니즘(예를 들어 기초지반강도와 관련이 없는 벽체의 전도에 의한 파괴모드)의 특성은 다른 공식을 사용하는 것이 필요할 수 있다. 당연한 선택은 파괴하중과 실제 하중을 비교하는 것이다. 파랑하중과 케이슨 무게를 받는 케이슨의 안전을 검토한 절에 한 가지 예가 나와 있다. 다음 두 가지 주의점을 제시할 수 있다.

- 파괴하중과 실제 하중을 비교하는 안전율에 대하여 대안적인 정의가 가능하다. 파괴위험은 같아야 하지만 안전율의 다른 값은 안전율 정의에 대한 선택을 반영한다.
- 파괴위험은 같아야 하지만 강도 감소(한계분석에서와 같이) 또는 하중비교에 기반한 안전율은 배수분석에서(파괴하중과 배수강도 매개변수 사이의 고도의 비선형 관계 때문

에) 크게 차이가 난다.

5.11.8 지반 액상화 조건의 정의

액상화 조건은 반복 상호영향도를 통해 정의되었다. 순수하게 실험적인 기준에서 반복 상호영향도는 정적, 유지된 또는 평균 응력비, 반복 응력비와 액상화 상태의 시작을 나타내는 작용응력 반복횟수를 결합한다. 이러한 다이어그램은 케이슨의 삼각주 실트 기초지반에 사용할 수 있다.

5.11.9 액상화 분석 간편법

반복 상호영향도는 현장조건에서 액상화를 분석하는 간단한 프로세스에 대한 아이디어를 주었다. 영구적 및 반복 케이슨 하중에 대한 기초지반에서의 전단응력은 탄성 닫힌 형태 방정식을 이용하여 계산되었다. 정규화된 유효수직응력은 압밀분석으로부터 도출되었다. 케이슨 아래 응력비가 계산되면 반복 상호영향도를 이용하여 액상화 또는 비액상화 영역을 구분한다. 이를 통해 케이슨 양측 모서리 하부 및 바깥 부분에서 케이슨 폭에 해당하는 깊이까지 액상화가 발생하는 것으로 밝혀졌다.

5.11.10 상계 해석의 적용 유연성

액상화가 발생하여 케이슨의 파괴분석에서 액상화 영역이 통합될 때 상계 해석 절차의 적용유연성과 효용력이 확인되었다. 포스트 액상화 비배수 강도의 합리적인 추정을 위해 파괴하중의 실질적인 감소량이 계산되었다.

5.11.11 파괴 메커니즘

케이슨이 기울어진 후, 케이슨 덮개는 바다 방향으로 변위가 발생하였다. 파괴 메커니즘은 케이슨 무게와 파랑하중이 지반 내부 소산과 평형을 이루는 양(+)의 일을 수행하였음을 나타낸다. 파랑하중에 의한 전도의 증거는 발견되지 않았다.

5.12 고급 주제

Oumeraci(1994)는 수직 케이슨의 파괴 자료를 수집되고 논의하였다. 그는 수직 방파제의 설계 및 건설이력을 설명하고 파괴 원인을 구분하였다. 그러나 대부분의 경우 현장정보, 특히 지반 조건에 관한 정보가 극히 제한적이다. 그는 불규칙적인 쇄파에 의해 유발된 힘이 특별 우려사항이고 관측된 파괴의 개연성 있는 주요 원인인 것으로 결론지었다. 기초지반의 역할과 관련하여 그는 구조물의 선단 부근에서 세굴과 침식이 자주 관측되는 것을 확인하였다. 그러나 주요 파괴는 반복하중 작용 중 간극수압 형성과 관련이 있으며, 결국 기초지반의 전체 또는 부분 액상화와 관련이 있는 것으로 추정된다. 지진하중과는 다르게 파랑작용은 주기가 길고(낮은 진동수의 하중) 비교적 다수의 하중작용과 쇄파가 벽에 부딪칠 때 연속적인 고속파 충격을 특징으로 한다. 지반이 액상화되거나 일정 수준의 과잉간극수압이 유지되면 임계 전단파괴 모드에 의해 파괴가 발생할 수 있다.

해저면에 대한 직접 파랑작용은 과잉간극수압의 누적을 유발할 수 있으며, 이는 지반 불안정성을 초래할 수 있는 현상인 것으로 관측되었다. 일부 해양 구조물의 손상은 Jeng(1998, 2001) 및 Jeng & Lin(2000)에 의해 검토된 이 현상에 기인한다. 대부분의 연구는 다공질의 모래층에 관한 것이다. 파랑작용 후 과잉간극수압이 궁극적으로 소산되고 지반이 강화되어 새로운 큰 폭풍에 대한 저항력이 증가한다.

수직벽 근처에서 발생하는 불규칙한 파랑 패턴도 관측된 손상과 관련이 있었다. 반복하중뿐만 아니라 지반이 받는 응력회전도 액상화를 유발할 수 있다(Sassa & Sekiguchi, 2001).

그러나 해양 구조물에 작용하는 파랑하중으로 인한 응력 변화는 해저면에 (직접) 파랑으로 인해 유발된 하중보다 훨씬 크다(de Groot et al., 2006). 이것은 Kudella et al.,(2006)이 보고한 대규모 실내시험의 결론이기도 한다.

지반 액상화 현상은 지반공학 문헌에서 많은 관심을 받아왔다. 대부분의 실험 정보는 지진 연구에 이끌린다. 액상화 작용에 대한 포괄적인 설명은 Ishihara(1993)와 Youd & Idriss (2001)에 의해 제공되었다.

모형실험을 통해 파랑하중하에서 케이슨 거동 메커니즘에 대한 보다 깊은 통찰력을 가질 수 있었다. 정상적인 중력조건하에서의 축소모형시험은 기초하부 원형비율에서 일반적인 응력조건을 재현할 수 없으며, 액상화 거동을 거의 재현할 수 없다. 이 실험에서 관찰된 파괴 유형(케이슨 상단의 바다 방향으로의 변위)은 여기서 보고된 파괴를 포함하여 일부 현장 관측에서 확인되지 않았다.

원심분리기 시험은 반복 파랑하중에서 케이슨 성능을 연구할 수 있는 강력한 도구다. 시험은 Rowe & Craig(1976), Van der Poel & de Groot(1998) 및 Zhang et al.,(2009)가 수행하였다. 그들은 모두 모래지반 내 기초를 둔 케이슨의 거동을 보고하였다. 해상 방향으로 기울어진 케이슨 파괴의 메커니즘이 발견되었다. 케이슨 heel 부근 모래지반의 연약화 및 침식, 그리고 케이슨 가장자리 하부의 넓은 액상화 영역이 이 저자들에 의해 제안되었다. 이 연구와 모래에 대한 실내 반복전단시험은 역전(reversal) 불규칙 전단하중이 지반 액상화를 가중시킨다는 것을 나타낸다(비역전(non-reversal) 규칙적 반복하중과 비교할 경우).

부록 5.1 케이슨에 작용하는 수리동역학 하중

Goda(1985)가 제안한 모델은 일단 파고(H_s), 파랑 주기(T), 파랑 방향을 알면 파고를 구조물의 하중으로 변환할 수 있다. 본 분석사례에서 $H_s = 4.5$m, $T = 9$초, 구조물에 수직인 선에 대한 파랑의 입사각, ϑ는 본질적으로 0이다. 그림 A5.1a는 Goda(1985) 모델에 따른 압력분포를 보여준다. 파랑하중은 두 가지 요소로 구성된다. P_1, P_2, P_3, P_4값으로 정의되는 노출벽에 가해지는 사다리꼴 형태의 과잉압력분포, 쳐오름 높이 η^*, 기하학적 매개변수, 케이슨 바닥에 작용하는 삼각형 형태의 양압력분포 P_0, 기하학적 매개변수값도 그림에 표시되어 있다.

Goda의 공식은 다음과 같다.

$$\eta^* = 0.75(1 + \cos\beta)H_D$$

$$P_1 = 0.5(1 + \cos\beta)[\alpha_1 + \alpha_2\cos^2\beta]\gamma_w H_D$$

$$P_2 = \frac{P_1}{\cosh\left(\dfrac{2\pi h}{L}\right)}$$

$$P_3 = \alpha_1 P_1$$

$$P_4 = P_1\left(1 - \frac{h_c}{\eta^*}\right)$$

$$P_0 = 0.5(1 + \cos\beta)\alpha_1\alpha_3\gamma_w H_D$$

계수는 다음과 같이 표현된다.

$$\alpha_1 = 0.6 + \frac{1}{2}\left[\frac{4\pi h/L}{\sinh(4\pi h/L)}\right]^2$$

$$\alpha_2 = \min\left\{\frac{h_b - d}{3h_b}\frac{H_D^2}{d^2}; \frac{2d}{H_D}\right\}$$

$$\alpha_3 = 1 - \frac{h'}{h}\left(1 - \frac{1}{\cosh\left(\dfrac{2\pi h}{L}\right)}\right)$$

γ_w는 물의 비중($= 10\,\mathrm{kN/m^3}$)이다. 팽창의 필수 기본매개변수값은 다음과 같다.

$$\beta = \vartheta + 15° = 15°$$

$$h_b = h + 5H_{1/3}\tan\theta = 17.5 + 0 = 17.5\,\mathrm{m}$$

$$L_0 = \frac{g\,T^2}{2\pi} = \frac{(9.8)(9^2)}{2\pi} = 126.34\,\mathrm{m}$$

$$H_{1/250} = 1.8H_{1/3} \approx 1.8H_s$$

$$H_b = 0.17L_0\left[1 - \exp\left(-1.5\frac{\pi h_b}{L0}\left(1 + 15\left(\tan\theta\right)^{2/3}\right)\right)\right]$$

$$= (0.17)(126.34)\left[1 - \exp\left(-1.5\frac{\pi(17.5)}{126.34}\right)\right] = 10.30$$

$$H_D = \min\left\{H_{1/250}\,;\,H_b\right\} = \min\left\{1.8 \cdot 4.5\,;\,10.30\right\} = 8.1$$

$$L = \frac{g\,T^2}{2\pi}\tanh\left(\frac{2\pi}{L}h\right) = \frac{(9.8)(9^2)}{2\pi}\tanh\left(\frac{2\pi}{L}17.5\right) \rightarrow L = 78.19$$

이 값들로부터 $\alpha_1 = 0.657$, $\alpha_2 = 0.01$, $\alpha_3 = 0.524$와 $P_1 = 53\,\mathrm{kN/m}$, $P_2 = 24.5\,\mathrm{kN/m}$, $P_3 = 34.8$ kN/m, $P_4 = 44.2\,\mathrm{kN/m}$, $P_0 = 27.4\,\mathrm{kN/m}$이다.

간극수압 분포가 계산되면 등가 힘과 위치(그림 A5.1b)를 다음과 같이 계산할 수 있다.

$$H = \frac{1}{2}(P_1 + P_3)h' + \frac{1}{2}(P_1 + P_4)h_c = 778.7\,\mathrm{kN/m}$$

$$Z_H = 9.3\,\mathrm{m}$$

$$U = P_0\frac{b}{2} = 267.4\,\mathrm{kN/m}$$

$$X_U = \frac{b}{3} = 6.5\,\mathrm{m}$$

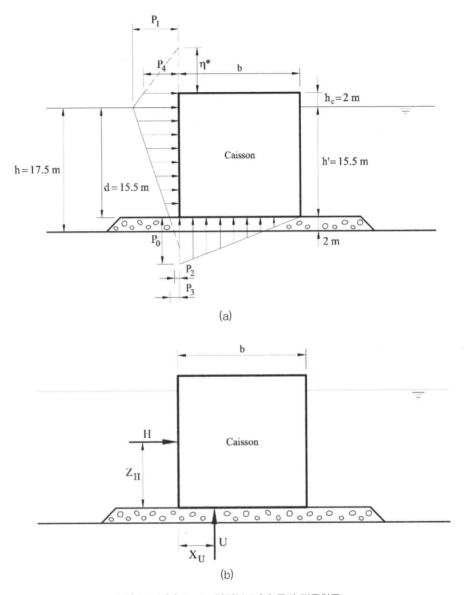

(a)

(b)

그림 A5.1 (a) Goda 압력분포 (b) 등가 집중하중

참고문헌

Alonso, E.E. and Gens, A. (1999) Geotechnical design and construction of breakwaters. Bilbao Harbour (Invited Lecture). *Proceedings of the 12th European Conference on Soil Mechanics and Geotechnical Engineering*. Amsterdam, 1, 489-510.

Alonso, E.E. and Krizek, R.J. (1975) Consolidation of randomly heterogeneous clay strata. *Transportation Research Record* 548, 30-47.

Davis, E.H. and Booker, J.R. (1973) The effect of increasing strength with depth on the bearing capacity of clays. *Géotechnique* 23 (4), 551-563.

Davis, E.H. and Poulos, H.G. (1972) Rate of settlement under two-and three-dimensional conditions. *Géotechnique* 22 (1), 95-114.

Goda, Y. (1985) *Random Seas and Design of Maritime Structures*. University of Tokyo Press, Tokyo.

de Groot, M.B., Bolton, M.D., Foray, P., Meijers, P., Palmer, A.C., Sandven, R., Sawicki, A. and The, T.C. (2006). Physics of liquefaction phenomena around marine structures. *Journal of Waterway, Port, Coastal, and Ocean Engineering* 132 (4), 227-243.

Ishihara, K. (1993) Liquefaction and flow failure during earthquakes. *Géotechnique* 43 (3), 351-415.

Jeng, D.S. (1998) Wave-induced seabed response in a crossanisotropic seabed in front of a breakwater: an analytical solution. *Ocean Engineering* 25 (1), 49-67.

Jeng, D.S. (2001) Mechanism of the wave-induced seabed instability in the vicinity of a breakwater: a review. *Ocean Engineering* 28, 537-570.

Jeng, D.S. and Lin, Y.S. (2000) Poroelastic analysis of the wave-sea interaction problem. *Computers and Geotechnics* 26, 43-64.

Kudella, M., Oumeraci, H., de Groot, M.B. and Meijers, P. (2006) Large-scale Experiments on pore pressure generation underneath a caisson breakwater. *Journal of Waterway, Port, Coastal, and Ocean Engineering* 132 (4), 310-324.

Lunne, T., Robertson, P.K. and Powell, J.J.M. (1997) *Cone Penetration Testing in Geotechnical Practice*. Blackie Academic/Chapman and Hall, E & FN Spon, London.

NGI (2002) *Report on DSS Tests*. Port Authority. Barcelona.

Olson, S.M. and Stark, T.D. (2002) Liquefied strength ratio from liquefaction flow failure case histories. *Canadian Geotechnical Journal* 39, 629-647.

Oumeraci, H. (1994). Review and analysis of vertical breakwater failures-lessons learned. *Coastal Engineering* 22, 3-29.

Potts, D. and Zdravkovic, L. (1999) *Finite Element Analysis in Geotechnical Engineering: Volume I, Theory*. Telford Publishing, London.

Poulos, H.G. and Davis, E.H. (1973) *Elastic Solutions for Soil and Rock Mechanics. Wiley.* New York.

Rowe, P.W. and Craig, W.H. (1976) Studies of offshore caissons founded on Ostercheelde sand. *Design and construction of offshore structures*, ICE, London, 49-60.

Sassa, S. and Sekiguchi, H. (2001). Analysis of wave-induced liquefaction of sand beds. *Géotechnique* 51 (2), 115-126.

Seed, R.B., Cetin, K.O., Moss, R.E.S., Kammerer, A.M., Wu, J., Pestana, J.M., Riemer, M.F., Sancio, R.B., Bray, J.D., Kayen, R.E. and Faris, A. (2003) Recent advances in soil liquefaction engineering: a unified and consistent framework. *Proceedings of the 26th Annual ASCE Los Angeles Geotechnical Spring Seminar, Keynote Presentation*, H.M.S. Queen Mary, Long Beach, California. pp.71

Van der Poel, J.T. and de Groot, M.B. (1998) Cyclic load tests on a caisson breakwater placed on sand. *Proceedings of the International Conference Centrifuge* 98 1, 403-408

Wood, D.M. (1990) *Soil Behaviour and Critical State Soil Mechanics*. Cambridge University Press, Cambridge.

Youd, T.L. and Idriss, I.M. (2001) Liquefaction resistance of soils: summary report from the 1996 NCEER and 1998 NCEER/NSF workshops on evaluation of liquefaction resistance of soils. *ASCE Journal of Geotechnical and Geo-Environmental Engineering* 127 (10), 297-313.

Zhang, X.Y., Lee, F.H. and Leung, C.F. (2009) Response of caisson breakwater subjected to repeated impulsive loading. *Géotechnique* 59 (1), 3-16.

PART

III

EXCAVATIONS

굴착 붕괴:
싱가포르 니콜 고속도로

Braced Excavation Collapse:
Nicoll Highway, Singapore

6.1	**사례 설명**		**183**
	6.1.1	설계와 시공	185
	6.1.2	붕괴 사고 발생	186
	6.1.3	문제점	189
	6.1.4	비배수 토압 해석	190
6.2	**이론 배경**		**191**
	6.2.1	장기 토압	191
	6.2.2	단기 토압	193
	6.2.3	비배수 전단강도	194
	6.2.4	Mohr-Coulomb 모델	194
	6.2.5	수정 Cam Clay 모델	196
	6.2.6	원 Cam Clay 모델	199
	6.2.7	이론 배경 분석 요약	200
6.3	**거동 분석**		**200**
	6.3.1	단순 모델	201
	6.3.2	장기 안정성	202
	6.3.3	단기 안정성	204
	6.3.4	굴착 공정과 붕괴	206
	6.3.5	설계 오류	208
	6.3.6	결과 토론	210
6.4	**피해 대응 대책**		**211**
	6.4.1	붕괴 응급조치	212
	6.4.2	복구 단계	212
	6.4.3	추가 안전 대책	213

6.5　사고 교훈　　　　　　　　　　　　　　　213

　　6.5.1　효율적 위험 관리　　　　　　　214

　　6.5.2　치밀한 설계　　　　　　　　　　214

　　6.5.3　지반설계의 수치해석　　　　　214

　　6.5.4　역해석　　　　　　　　　　　　214

참고문헌　　　　　　　　　　　　　　　　215

굴착 붕괴:
싱가포르 니콜 고속도로

Braced Excavation Collapse:
Nicoll Highway, Singapore

6.1 사례 설명

섬으로 이루어진 도시국가인 싱가포르는 세계적인 수준의 공공 교통 시스템이 훌륭하게 갖춰진 곳이다. MRT(Mass Rapid Transit)는 교통 시스템의 중추이며 2001년에 총 연장 33.6 km의 원형 순환선 MRT(CCL)가 새로이 건설되었다. 공사비가 67억 불이 소요된 CCL은 도심지로 향하는 방사선 방향의 노선을 연결하고 있다(그림 6.1a). 1단계(CCL1)는 5.4 km로서 두 구간 (C824, C825)로 나누어 건설되었다.

굴착 공사를 하면서 붕괴 사고가 발생한 C824 공구는 설계 – 시공(design-and-build) 계약 방식으로 니콜 고속도로 일부, 블루버드(Boulevard)역, 기계식 터널 800 m, 개착식 구조물 1,600 m를

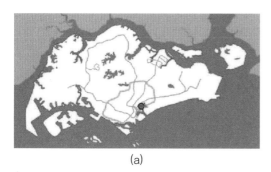

(a)

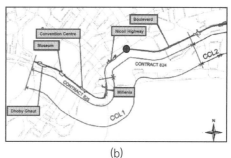

(b)

그림 6.1 싱가포르 순환선(CCL): (a) 순환선 위치(Wikipedia, 2009) (b) 1단계 공사 구간(COI 보고서, 2005)

포함하는 공사였다. 주 계약자는 니시마쯔-럼창 JV이고 발주자는 LTA(Land Transport Authority)이다.

2004년 4월 20일 오후 3시 30분경, 니콜 고속도로와 블루버드역 사이를 연결(그림 6.1a, 그림 6.1b의 붉은색 점)하는 지하구조물 건설을 위해 지표로부터 33.5 m 정도 굴착한 상태에서 붕괴가 발생하였다. 이 사고로 인해 사망 4명을 포함한 피해가 발생하였고(그림 6.2a;b) CCL 1단계 준공이 약 4년 정도 지연되었다.

(a)

(b)

그림 6.2 니콜 고속도록 굴착현상 붕괴(COI 보고서, 2005): (a) 공사 중 (b) 붕괴 후

싱가포르 정부는 사고조사위원회(Committee of Inquiry, COI)를 구성하여 사고 상황과 원인에 대해 조사를 의뢰하였다. 사고조사보고서는 2005년 5월에 정부에 제출되었고 인터넷을 통해 공개되었는데, 주로 이 보고서의 내용을 토대로 기술하기로 한다.

수치해석에 익숙해진 지금의 엔지니어에게 경종을 울릴 만한 원인이 밝혀졌는데, 사고의 주원인으로 지반설계 해석에 입력된 모델링이 부적절하였고, 일부 부재의 구조적 결함도 함께 지적되었다.

6.1.1 설계와 시공

개착식 터널은 계획 깊이까지 굴착한 후 지하구조물을 건설하는 방식(그림 6.3)으로 진행되었다. 흙막이 벽체로서 두께 0.8 m의 지중연속벽(diaphragm wall, slurry wall)을 견고한 지반에 1~3 m 정도 근입시키기 위해 지표면에서 40~45 m 하부까지 시공하였다. 지반을 안정시키기 위해 제트그라우팅을 서로 중첩시켜 지반을 고화시키는 JGP 공법을 2개 지점에 시공하였다. 지표하 28 m 지점은 두께 1.5 m로 해당 심도를 굴착할 때 제거되기 전까지 굴착부를 안정시키고, 아래의 것은 영구적으로 잔류하는 것으로서 지표하 33.5 m에서 2.6 m 두께로 시공하였다. 지지구조물로서 버팀보(strut) 10단이 계획되었는데, 상하 3.0~3.5 m, 수평방향으로는 4.0 m 간격으로 설치하였고 중간에 말뚝(king post)으로 지지하였다. 굴착폭은 약 20 m이고 굴착심도는 지표로부터 33.5 m 하부까지 진행될 예정이었다.

굴착 시 거동을 살펴보기 위해 그림 6.4와 같이 계측관리를 시행하였다. 총 2,000개의 계측기기가 사용되었는데, 침하핀, 지중경사계, 진동현 방식 지하수위계, 버팀보 하중을 측정하는 변형률계와 하중계가 운용되었다. 사고가 발생한 지점에 근접한 계측기기는 지중경사계 2개소(I-65, I-104 그림 6.4의 노란색), 변형률계와 하중계(S335, 그림 6.4의 녹색)인데 측정된 자료는 사고 원인 규명에 결정적으로 활용되었다.

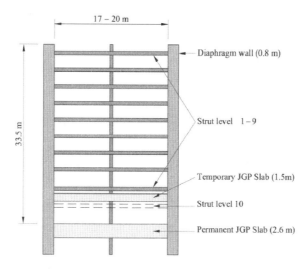

그림 6.3 사고 지점 흙막이 구조물(COI 보고서, 2005)

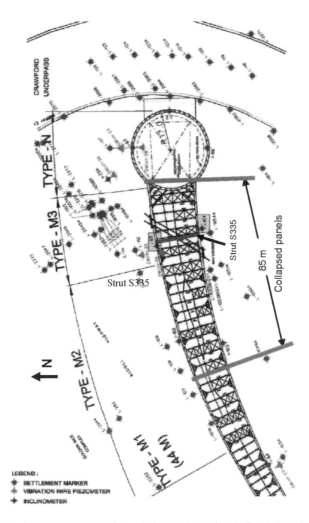

그림 6.4 계측관리 상황(COI 보고서, 2005): 경사계 I-65, I-104(노란색), 버팀보 하중측정 S335(녹색)

6.1.2 붕괴 사고 발생

사고 원인 조사 보고서에서는 "붕괴에 이르기 전 이상 징후가 있었는데, 이를 심각하게 받아들이지 않았다."라고 기술하였다. 2003년 8월경 설계에 문제가 있다는 것이 분명하게 드러났다. 먼저 사고가 발생한 지점에서 하천 동측 건너편 기계식 TBM(Tunnel Boring Machine)을 발진시키기 위해 수직구를 굴착할 때 설계 당시 산정된 수평변위량인 190 mm보다 큰 500 mm 이상으로 발생하였다. 이로 인해 흙막이 벽체에 손상이 발생하고 주변 지반과

인근의 크리켓 경기장에서 침하가 관찰되었다.

2004년 1월에는 벽체 변형량이 설계 예측치를 초과하였고 붕괴 지역 서측의 옹벽 구조물에 균열이 발생하였다. 거동을 재검토하여 설계 변형 수준을 222 mm에서 522 mm(붕괴 인접 구간은 125 mm에서 313 mm)로 재산정하였다. 변형이 크게 발생함에 따라 주변 건물과 도로에서 침하와 균열이 지속되어 다수의 민원이 제기되었다. 주변 건물의 보수를 위한 전담 관계자가 투입되어 업무를 담당하였다.

붕괴 지역에서 운용된 지중경사계 I-104 자료에 따르면 그림 6.5와 같이 2004년 2월에 이미 설계 예상치인 145 mm를 초과하는 수평변위가 발생하였다. 이때는 6단 버팀보가 설치되는 중이었다.

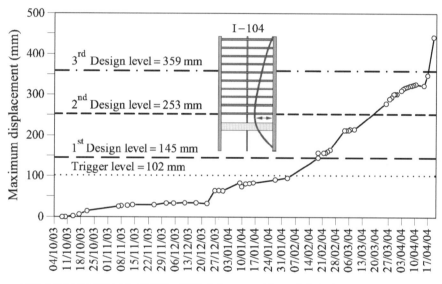

그림 6.5 붕괴 지역 남측 일자별 지중경사계 I-104 계측 수평변위량(COI 보고서, 2005)

변형이 발생하면서 그림 6.6a와 같이 철판 간격재(stiffener plate)에 변형이 발생되어 버팀보 7단부터 단면이 더 큰 C-channel로 변경하였다. 역해석 결과로부터 수평변위량의 설계 예측치를 253 mm로 산정하였고, 버팀보에 가하는 선행하중도 50%에서 70%로 증가시켰다.

간격재 규격을 바꾸고 선행하중도 증가시켰으나 변형은 계속되어 2004년 3월 말에 재산정한 설계 수준을 초과하였다. 역해석을 다시 수행하여 설계 수준을 359 mm까지 상향시켰는데, 붕괴 당일에 측정한 수평변위는 이보다 22% 큰 441 mm까지 발생하였다.

(a)   (b)

그림 6.6 띠장 좌굴(COI 보고서, 2005): (a) stiffener plate (b) C-channels

2004년 4월 20일 붕괴 당일, 9단 버팀보가 설치된 상태에서 최종 10단 버팀보 설치지점까지 굴착 공사가 진행되었다. 임시로 설치한 상부 JGP는 제거된 상태였다. 아침에 굴착 공사와 함께 10단 버팀보 설치를 준비 중이었는데, 굴착이 진행되는 지점에서 8시 30분경 "텅" 하는 소리가 10분 사이 4~5회 들렸다. 이는 띠장에서 좌굴이 발생하면서 나는 소리였다.

띠장을 보강하기 위해 상부면에 콘크리트를 타설하고 하부는 철판 간격재를 급히 설치하였으나 띠장의 변형을 막을 수 없었다. "텅" 하는 소리가 더 빈번하게 들렸고 굴착면에 콘크리트를 부어 제거된 1단 JGP 효과를 기대하였으나 너무 늦은 조치였다. 오후 3시 30분 니콜 고속도로 측에 설치된 지중연속벽이 붕괴되었다.

흙막이 구조물이 붕괴되면서 주변 100 × 130 m 지역의 지반이 동시에 침하되었고 건설장비, 임시 사무실이 매몰되었다(그림 6.7). 니콜 고속도로 100 m 주변의 메르데카 교량 교대부까지 피해를 주었으며 4명의 사망자(인부 3명, 엔지니어 1명)와 3명의 부상자가 발생하였다. 이때 고속도로를 지나는 차량이 없었기 때문에 더 이상의 피해는 없었다.

그림 6.7 붕괴 진행 상황(COI 보고서, 2005). (a) 오후 3시 33분 두 번째 크레인 매몰 전 (b) 오후 3시 34분 두 번째 크레인 매몰로 기사 사망

6.1.3 문제점

지반조사에서 지층은 그림 6.8a와 같이 구성된 것으로 파악되었다. 매립층(20~50년 전에 성토됨. 지하수위는 지표하 2 m에 위치)−하구(유기질) 퇴적층−상하부 해성 점토층−하성, 하구 퇴적층의 순서로 나타났다. 그림 6.8b는 피에조콘 시험 결과에서 얻은 비배수 전단강도를 표시하였다.

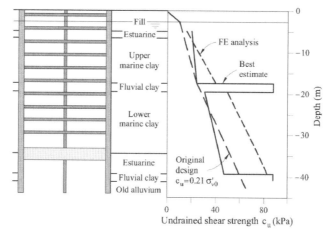

그림 6.8 지층구성 상태(Whittle & Davies, 2006): (a) 지층분포; (b) 비배수 전단강도(최적 예측치, 당초 설계치, 유한요소 해석 적용값)

조사위원회는 붕괴의 원인을 두 가지로 요약했다. 하나는 지반공학적인 것으로서 흙막이 구조물에 작용하는 비배수 토압을 산정하는 데 오류가 있었다. 다른 하나는 구조적인 것으로서 띠장의 지지 능력을 설계에서 한 부분이 파괴되어 하중이 재분배될 때 추가되는 것을 처리할 수 없다는 것이다.

두 가지 오류가 조합되어 흙막이 구조물의 붕괴에 이르는 과소 설계가 이루어졌다. 철판 간격재를 C-Channel로 교체(그림 6.6b)한 것은 연성파괴를 치명적인 취성파괴로 변화시킨 요인이었다.

추가적인 주요 원인으로는 역해석에도 오류가 있었고 계측 시스템도 부적절한 것으로 지적되었다. 또한 지중연속벽이 불투수성 지반까지 충분히 근입되지 않았고, 보강공법으로 적용된 JGP의 강도도 기대하는 것보다 낮은 수준을 보였다. 굴착 후 지지 구조물을 설치할 때까지 방치기간이 길었으며 역해석 과정 중에 버팀보의 파괴를 확인하지 않았다. 본 장에서는 주로 지반공학적인 오류, 즉 비배수 강도를 평가하는 것에 대한 것을 기술하고자 한다.

6.1.4 비배수 토압 해석

포화된 점토지반을 빠르게 굴착할 때는 과잉간극수압이 소산될 시간적 여유가 없다. 이는 토압을 산정할 때 비배수 하중 조건을 전제로 해석하여야 한다는 것을 의미한다. 이때는 비배수 전단강도, c_u를 사용하여 전응력해석을 해야 한다. 유효응력해석을 할 경우에는 내부 마찰각을 유효응력 강도정수, ϕ'를 쓴다. 유효응력 해석의 경우에는 정규 또는 약간 과압밀된 해성점토층이 전단을 받을 때 발생하는 과잉간극수압을 적절히 모델링할 필요가 있다.

당초 설계에서는 단순하게 주동과 수동토압 공식에 그림 6.8b의 최적예측치에 가까운 c_u를 적용하여 전응력 해석을 수행하였다. 범용 수치해석 프로그램을 활용하였는데, 설계자는 적용상 충분한 경험이 결여된 PLAXIS를 선택하였다. PLAXIS에서 이용할 수 있는 Mohr-Coulomb 모델을 사용하였는데, 매뉴얼에서는 비배수 해석에 유효응력 개념의 내부마찰각, ϕ'을 쓰도록 추천하였고, 설계자는 이에 따라 해석하였다. 결과적으로 비배수 전단강도는 거의 50%를 과대 적용한 형태(그림 6.8b)가 되었다. 어떻게 이런 일이 일어났으며 사전에 오류를 알 수 없었을까.

Mohr-Coulomb 모델은 파괴 전의 변형상태를 등방 탄성 거동으로 가정한다. 따라서 배수 상태에서 순수 전단은 체적 변형을 일으키지 않는다. 비배수 전단재하, 즉 체적변화를 허용하지 않는 상태에서는 간극수압이 발생하지 않는 결과가 된다. 평균 유효응력, p'은 일정하게 유지되며 그림 6.9a와 같이 $p' - q$ 삼축응력 공간에서 파괴에 이르는 유효응력경로는 연직방향으로 그려진다.

실제로 정규에서 약간 과압밀된 점토는 배수 재하조건에서 수축하는 경향을 보인다. 물은 비배수 전단 상태에서는 비압축성이기 때문에 해석 결과는 정(+)의 과잉간극수압이 발생하였다. $p' - q$ 삼축응력 공간에서 파괴에 이르는 유효응력경로는 연직에서 좌측으로 휘는 곡선 형태를 보였고, 파괴포락선에 교차하게 될 때 실제보다 훨씬 낮은 축차 파괴응력 q_f를 지나며 이때 $q_u = 2c_u$가 된다.

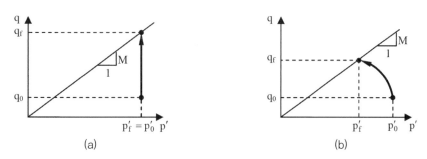

그림 6.9 비배수 유효응력경로: (a) Mohr-Coulomb 모델 (b) 정규압밀점토

6.2 이론 배경

6.2.1 장기 토압

굴착 공사에서 장기 안정성은 과잉간극수압이 소산될 때 배수 전단 조건으로 가정하여 검토한다. 점착력이 부족할 때(전형적인 정규압밀점토의 경우), 그림 6.10a에서 보는 바와 같이 높이가 H이고 벽면마찰이 없는 흙막이 벽체에 작용하는 유효주동토압은 다음 식으로 계산된다.

$$e_a = K_a \gamma' H \tag{6.1}$$

여기서, 토압계수는 다음과 같고,

$$K_a = \frac{1 - \sin\phi'}{1 + \sin\phi'} \tag{6.2}$$

γ'은 흙의 유효단위중량, ϕ'은 유효내부마찰각이다.

버팀보와 같은 강재로 지지하면서 굴착하는 경우에는 충분히 주동 파괴상태에 이르기까지 수평변위가 발생하지 않는다. 이 경우 Terzaghi 등(1996)에 따르면 자립상태보다 30% 정도 큰 유효하중이 작용된다. 또한 토압형태도 그림 6.10b와 같이 삼각형이 아닌 사각형 형태를 띤다.

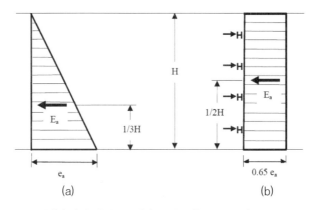

그림 6.10 유효토압 (a) 자립 상태 벽체 (b) 지지된 흙막이 벽체(Terzaghi et al., 1996)

흙막이 벽체의 안정성은 유효토압이 아닌 전 토압의 개념으로 접근한다. 이때 수압 u를 식 (6.1)로 산정한 토압에 합산하여 전토압을 결정한다. 장기 거동에서 간극수압은 정수압과 같다.

6.2.2 단기 토압

포화된 점토층에 대해서 흙막이 구조물의 단기 안정은 비배수 전단 상태로 가정하여 평가한다. 정규에서 약간 과압밀된 점토는 비배수 전단 시 정의 간극수압이 발생하지만 과압밀점토의 경우 굴착할 때 간극수압이 소산될 만한 시간 여유가 없기 때문에 부(−)의 간극수압이 생긴다. 해석은 일반적으로 전응력 상태를 기준으로 수행한다. 지지구조물이 있는 흙막이 벽체에 작용하는 전 주동토압은 그림 6.11a와 같이 나타낸다(Terzaghi et al., 1996). 전 주동토압은 다음 식 (6.3)과 같다.

$$e_a = K\gamma H \tag{6.3}$$

여기서, 토압계수는 다음과 같고, m≒0.8(정규, 약간 과압밀된 점토), γ는 흙의 전 단위중량, c_u는 비배수 전단강도다.

$$K = 1 - m\frac{4c_u}{\gamma H} \tag{6.4}$$

과압밀점토에서 깊이가 H인 흙막이 벽체에 작용하는 전 주동토압은 그림 6.11b와 같이 나타낼 수 있다.

원리적으로 단기안정해석은 유효응력 개념으로 수행한다. 이때 비배수 전단 시 발생하는 과잉간극수압을 정확히 산정하는 것이 필수적이다. 전응력을 올바르게 산정하기 위해 간극수압을 명확히 산정하여야 하며, 굴착지반의 비배수 전단강도를 평가하는 것이 더욱 중요하다.

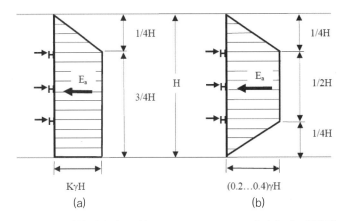

그림 6.11 단기 안정 검토를 위한 전응력 토압(Terzaghi et al., 1996): (a) 정규압밀점토 (b) 과압밀점토

6.2.3 비배수 전단강도

점토의 비배수 전단강도는 UU 삼축압축시험에서 구하거나 현장 콘관입 시험(CPT)으로 결정할 수 있다. 정규압밀점토는 비배수 전단 중에는 정(+)의 과잉간극수압이 발생하기 때문에 그림 6.9b와 같이 유효응력은 감소한다. 따라서 실험실에서 c_u를 정할 때에 완속재하인 배수 전단이 될 때 초기 유효응력 상태의 강도보다 현저히 작게 나타난다. 정규압밀점토의 비배수 전단강도에 대한 경험적인 관계식은 다음과 같다.

$$c_u = k\sigma_{v0}' \quad k = 0.21 \sim 0.25 \tag{6.5}$$

여기서 σ_{v0}'는 현장 어느 심도의 연직 유효응력이다. k가 0.21인 경우에는 싱가포르처럼 연약한 해성 점토에 적용한다. 그림 6.8b에서 당초 설계에서 전단강도는 $c_u = 0.21\sigma_{v0}'$에 근거하였다. 유효응력 개념으로 구성모델을 다양하게 고려하여 식 (6.5)의 관계를 파악하였다.

6.2.4 Mohr-Coulomb 모델

MC모델은 파괴가 일어나기 전의 변형상태를 등방 탄성 거동으로 가정한다. 체적변형을 허용하지 않는 비배수 삼축전단 시, 간극수압이 발생하지 않는다. 평균 유효응력 p'은 초기 평균 유효응력 $p_0{}'$과 같은 값으로 일정하게 유지된다. 이때 $p' - q$ 삼축응력 공간에서 파괴에 이르는 유효응력경로는 연직선(그림 6.9a)이다. 파괴 시 축차응력 q_f는 다음 식으로 산정된다.

$$q_f = Mp_f{}' = Mp_0{}' \tag{6.6}$$

여기서,

$$M = \frac{6\sin\phi'}{3 - \sin\phi'} \tag{6.7}$$

$$p_0{}' = \frac{1 + 2K_0}{3}\sigma_{v0}{}' \tag{6.8}$$

이고, K_0은 정지토압계수로서 정류압밀점토에서는 다음과 같이 산정한다(Jaky, 1944).

$$K_0 = 1 - \sin\phi' \tag{6.9}$$

식 (6.7)~(6.9)를 (6.6)에 대입하여 정리하면 다음과 같고,

$$c_u = \frac{\sigma_{1f} - \sigma_{3f}}{2} = \frac{q_f}{2} \tag{6.10}$$

비배수 전단강도를 다음과 같이 추정한다.

$$c_u = k\sigma_{v0} \tag{6.11}$$

여기서,

$$k = k_{MC} = \sin\phi' \frac{3 - 2\sin\phi'}{3 - \sin\phi'} \tag{6.12}$$

일반적인 내부마찰각의 범위는 ϕ'은 20~24°이므로 k는 0.30~0.35로 산정되는데, 이는 (6.5) 식에서 구한 값보다 30~50% 정도 큰 값이다.

6.2.5 수정 Cam Clay 모델

수정 Cam Clay 모델(Burland & Roscoe, 1968)에서는 MC 모델과 달리 파괴 전의 변형 거동을 소성으로 가정하고 그림 6.12a와 같이 타원형으로 모사한다.

$$\frac{q^2}{M^2 p'^2} + 1 = \frac{p_c'}{p'} \tag{6.13}$$

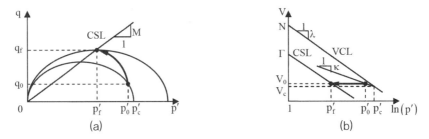

그림 6.12 수정 Cam Clay 모델: (a) 비배수 유효응력경로 (b) 일정 체적(비배수) 변형

여기서, p_c'는 선행압밀 압력으로 처녀압축선(VCL, 그림 6.12b)의 방정식 중 비체적(specific volume)에 관계되는 경화변수(hardening parameter)로 역할한다.

$$V_c = N - \lambda \ln p_c' \tag{6.14}$$

응력상태(p_f', q_f)가 임계상태선(Critical State Line, CSL)에 도달할 때 파괴가 발생하는데,

그림 6.12a의 삼축응력 상태는 Mohr-Coulomb의 파괴포락선과 동일하다.

$$q_f = Mp_f{}'$$ (6.15)

체적 응력 – 변형 공간(그림 6.12b)에서 CSL은 VCL과 평행하다.

$$V = \Gamma - \lambda \ln p_f{}'$$ (6.16)

여기서,

$$\Gamma = N - (\lambda - \kappa)\ln 2$$ (6.17)

이고, κ는 그림 6.12b에서 탄성 체적 거동의 기울기로 결정한다.

$$V = V_c - \kappa \ln (p'/p_c{}')$$ (6.18)

1차원 압밀 후 초기 응력 상태는 다음과 같이 주어진다.

$$p_0{}' = \frac{1 + 2K_0}{3} \sigma_{v0}{}', \quad q_0 = (1 - K_0)\sigma_{v0}{}'$$ (6.19)

식 (6.14)와 (6.18)에서 초기 체적은 다음 식과 같고,

$$V_0 = N - \lambda \ln p_c{}' - \kappa \ln p_0{}'/p_c{}'$$ (6.20)

여기서 $p_c{}'/p_0{}'$은 초기 응력상태를 나타내는 식 (6.13)에서 다음으로 결정된다.

$$\frac{p_c{}'}{p_0{}'} = \frac{q_0^2}{M^2 p_0'^2} + 1 \tag{6.21}$$

비배수 전단에서 파괴에 이르는 동안 초기 체적 V_0은 그림 6.12b에서 보는 바와 같이 일정하다. 따라서 식 (6.16)에서 다음과 같이 되고,

$$p_f{}' = \exp\left[(\Gamma - V_0)/\lambda\right] \tag{6.22}$$

식 (6.17)과 (6.20)을 대입하면 다음을 얻는다.

$$p_f{}' = p_0{}'\left(\frac{1}{2}\frac{p_c{}'}{p_0{}'}\right)^{1-\kappa/\lambda} \tag{6.23}$$

식 (6.12)와 (6.23)을 (6.15)에 대입하여 정리하면 파괴 시 축차응력을 다음 식으로 구할 수 있다.

$$q_f = M p_0{}'\left(\frac{1}{2}\frac{q_0^2}{M^2 p_0'^2} + \frac{1}{2}\right)^{1-\kappa/\lambda} \tag{6.24}$$

식 (6.7), (6.9), (6.10), (6.19)를 사용하여 비배수 전단강도를 다음 식으로 구한다.

$$c_u = k\sigma_{v0}{}' \tag{6.25}$$

$$k = k_{MCC} = k_{MC} \left(\frac{1}{8} \frac{\sin^2 \phi'}{k_{MC}^2} + \frac{1}{2} \right)^{1-\kappa/\lambda} \tag{6.26}$$

여기서, k_{MC}는 식 (6.12)로부터 산정한다. 일반적인 내부마찰각의 범위는 ϕ'은 20~24°이고, κ/λ는 0.2이므로 k는 0.215~0.251로 산정되는데, 이는 식 (6.5)에서 구한 값과 근접한 수치다.

유효 비배수 응력경로는 그림 6.12a와 같이 좌측으로 곡선 형태를 보이며 다음 식과 같이 정의된다.

$$\frac{q^2}{M^2 p'^2} + 1 = \left(\frac{p_0'}{p'} \right)^{\frac{1}{1-\kappa/\lambda}} \left(\frac{q_0^2}{M^2 p_0'^2} + 1 \right) \tag{6.27}$$

6.2.6 원 Cam Clay 모델

최초로 제안된 Cam Clay 모델(Schofield & Wroth, 1968; Muir Wood, 1996)에서 위 절차에 따라 식 (6.12)를 (6.17)의 표현으로 대체하여 비배수 전단강도를 구할 수 있다. 이때 변수 Γ는 다음 식으로 결정한다.

$$\frac{q}{Mp'} = \ln \frac{p'_c}{p'} \tag{6.28}$$

$$\Gamma = N - (\lambda - \kappa) \tag{6.29}$$

파괴 시 축차응력은 다음과 같고,

$$q_f = Mp_0' \exp \left[\left(\frac{q_0}{Mp_0'} - 1 \right) \left(1 - \frac{\kappa}{\lambda} \right) \right] \tag{6.30}$$

식 (6.7), (6.9), (6.10), (6.19)를 변형시켜 다음과 같은 비배수 전단강도 관계를 구한다.

$$c_u = k\sigma_{v0}', \qquad k = k_{OCC} = k_{MC}\exp\left[\left(\frac{\sin\phi'}{2k_{MC}} - 1\right)\left(1 - \frac{\kappa}{\lambda}\right)\right] \tag{6.31}$$

여기서, k_{MC}는 식 (6.12)로부터 산정한다. 일반적인 내부마찰각의 범위는 ϕ'은 20~24°이고, κ/λ는 0.2이므로 k는 0.212~0.248로 산정되는데, 역시 식 (6.5)에서 구한 값과 근접한 수치다.

유효 비배수 응력경로는 좌로 굽는 곡선이고 다음 식으로 주어진다.

$$\frac{q}{Mp'} = \frac{\ln(p_0'/p')}{1 - \kappa/\lambda} + \frac{q_0}{Mp_0'} \tag{6.32}$$

6.2.7 이론 배경 분석 요약

포화된 정규압밀 점토지반에 대한 지하굴착 안정해석에서 비배수 재하조건에서의 토압을 산정하는 것이 필수적이다. 전응력 해석이 토압을 결정하는 가장 용이한 방법이고, 유효응력 해석을 하더라도 비배수 전단강도를 엄밀하게 추정할 수 있는 모델을 적용한다면 원리적으로 는 동일한 결과를 보여야 한다. 앞서 MC 모델은 비배수 전단강도를 50%까지 크게 예측함을 보였고, 반면에 원 또는 수정 Cam Clay 모델은 해석 표현이 상당히 달라 보이더라도 실험데이 터와 1% 이내의 오차를 보였다.

6.3 거동 분석

앞에서 제시한 이론 배경을 통해 니콜 고속도로 굴착 현장에서 단기 안정을 검토하는 간단한 방법으로 활용될 수 있음을 보였다. 특히 비배수 전단강도 c_u를 추정하는 데 불안전측 에서 검토되어 붕괴에 이르는 오류를 설명할 수 있었다.

6.3.1 단순 모델

실내실험과 현장시험을 통해 산정한 지반정수와 당초 설계 시 적용한 것을 표 6.1에 나타내었다. 굴착 공사를 단순화시켜 개략적인 안정성을 평가하기 위해 지층을 그림 6.13과 같이 두께가 각각 19.2 m, 12.8 m인 상하부 해성 점토층으로 나누었다. 점토층은 정규압밀 상태인 것으로 가정하였다.

지하수위는 지표면에 위치하는 것으로 가정하여 보수적으로 보았다. 단순화시키기 위해 각 지층의 지반 물성치는 표 6.1에서 나타낸 것에서 깊이별 평균값으로 일정하다고 설정하여 상하부 해성 점토층의 비배수 전단강도 c_u 는 20 kPa, 38 kPa로 적용하였다. 하부 해성점토층의 경우, 정수압 상태라고 가정하여 정규압밀점토에서 $c_u = 0.21\sigma_{v0}'$ 로 추정한 당초 설계값을 적용하는 대신에 그림 6.8b의 현장시험 결과를 최적화한 값보다 작게 설정하였다. 이는 해당 부지가 1970년대에 조성되어 아직 압밀이 진행되고 있는 것을 감안한 것이다.

표 6.1 당초 설계에 적용한 지반 물성치(COI, 2005)

Stratum	Symbol	SPT - N	Bulk density γ (kN/m³)	c_u (kN/m²)	c' (kN/m²)	ϕ' (°)	Elastic modulus (kN/m²)	Permeability k (m/s)
Fill	F	6±3	19	25	0	30	10,000	10^{-6}
Estuarine	E	2±2	15	15(0~10m)	0	18	6,000	10^{-9}
Upper Marine	M(upper)	0 - 1	16	10(0~5m) 20(5~15m)	0	22	4,000 8,000	10^{-9}
Fluvial Clay	F2	10±5	19	20(0~10m)	0	24	8,000	10^{-9}
Lower Marine	M(Lower)	0 - 1	16	20 + 1.6(z − 15)	0	18	$400c_u$	10^{-9}
Estuarine	E	2±2	15	15 + 2.3(z − 10)	0	22	$400c_u$	10^{-9}
Fluvial Clay	F2	10±5	19	20 + (z − 10)	0	32	$400c_u$	10^{-9}
Old Alluvium	OA(W)	19±6	20	5N	0	32	2,000N	5×10^{-7}
	OA(SW − 2)	40±6	20		5	32		5×10^{-7}
	OA(SW − 1)	71±12	20		5	33		5×10^{-8}
	OA(CZ)	>100	20		10	35		5×10^{-8}
JGP − 1	JGP − 1		16	300			15,000	10^{-10}

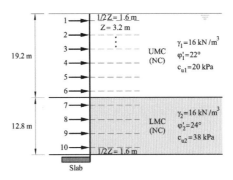

그림 6.13 개략 검토를 위한 붕괴 현장 지층 구성

흙막이 벽체는 버팀보 10단으로 지지하고 연직간격은 3.2 m로 설정하였다. 지표면에는 상재하중이 없는 것으로 가정하였고, 지반보강용으로 시공된 JGP는 10단 버팀보가 설치되기 전에 제거되는 것으로 보았다.

6.3.2 장기 안정성

장기 안정성 해석을 위해 유효토압은 그림 6.14와 같이 결정하였는데, 그림 6.10b의 두 개층에 대한 토압도를 조합한 것이다. 정수압 상태인 삼각형 수압을 더하여 전토압을 산정하였다. 버팀보에 작용하는 하중을 계산하여 표 6.2에 나타내었다. 이때 전체 주동 하중 E_a는 6,884 kN/m이고 이를 버팀보의 길이를 고려하여 각 버팀보로 분산시켰다.

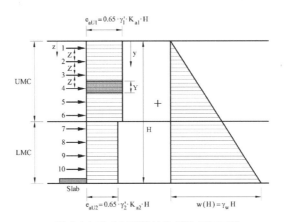

그림 6.14 장기 안정해석을 위한 주동토압

표 6.2 장기 안정성 해석 시 버팀보 하중

Strut level	Schicht	z(m)	Z(m)	y(m)	Y(m)	e_{au} (kN/m²)	$w(z)$ (kN/m²)	Strut load with JGP Slab $FS=1.0$ (kN/m)	Design (kN/m)
0	UM	0.00							
	UM		1.60						
1	UM	1.60			3.20	56.78	16.00	232.89	568.00
	UM		3.20	3.20					
2	UM	4.80			3.20	56.78	48.00	335.29	1,018.00
	UM		3.20	6.40					
3	UM	8.00			3.20	56.78	80.00	437.69	1,816.00
	UM		3.20	9.60					
4	UM	11.20			3.20	56.78	112.00	540.09	1,635.00
	UM		3.20	12.80					
5	UM	14.40			3.20	56.78	144.00	642.49	1,458.00
	UM		3.20	16.00					
6	UM	17.60			3.20	56.78	176.00	744.89	1,322.00
	UM		3.20	19.20					
7	LM	20.80			3.20	52.63	208.00	834.02	2,130.00
	LM		3.20	22.40					
8	LM	24.00			3.20	52.63	240.00	936.42	2,332.00
	LM		3.20	25.60					
9	LM	27.40			3.20	52.63	272.00	1,038.82	2,173.00
	LM		3.20	28.80					
10	LM	30.40			3.20	52.63	304.00	1,141.22	
	LM		3.20	32.00					
Slab$_B$	LM	33.60							
								6,883.85	14,752.00

여기서, z는 각 버팀보의 설치 심도이고, y는 각 버팀보의 영향 심도를 의미한다.

그림 6.15는 산정한 버팀보 하중과 설계 시 산정한 버팀보 하중 $E_{strut} = 14,752$ kN/m을 각 버팀보로 구분하여 나타낸 것이다. 장기 안정성에 대한 안전율은 총 하중에 대한 비로서 다음과 같다.

$$F_s = \frac{E_{struts}}{E_a} = \frac{14,752}{6,884} = 2.14 \tag{6.33}$$

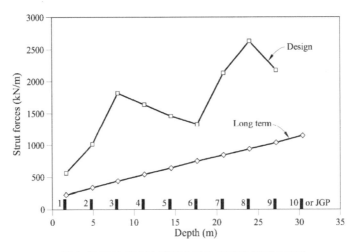

그림 6.15 장기 안정성 해석과 당초 설계의 버팀보 하중

6.3.3 단기 안정성

단기 안정성 검토를 위한 전토압도는 그림 6.16과 같은데, 이때 그림 6.11a의 단기 토압도를 적용하여 산정하였다. 굴착 완료 시 각 버팀보에 작용하는 하중은 표 6.3과 같은데, 전체 주동 하중 E_a는 11,717 kN/m이다.

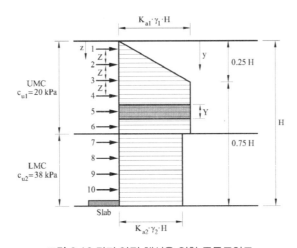

그림 6.16 단기 안정 해석을 위한 주동토압도

표 6.3 단기 안정 해석에 의한 버팀보 하중

Strut level	Layer	z(m)	Z(m)	y(m)	Y(m)	γ (kN/m³)	m (-)	c_u (kN/m²)	K_a (-)	$e_a = K \cdot \gamma \cdot D$ (kN/m²)	Strut load calc. FS = 1 (kN/m)
0	UM	0.00									
	UM		1.60			16.00	0.80	20.00			
1	UM	1.60			3.20						286.72
	UM		3.20	3.20		16.00	0.80	20.00	0.88	179.20	
2	UM	4.80			3.20						860.16
	UM		3.20	6.40		16.00	0.80	20.00	0.88	358.40	
3	UM	8.00			3.20						1,272.32
	UM		3.20	9.60		16.00	0.80	20.00	0.88	448.00	
4	UM	11.20			3.20						1,433.60
	UM		3.20	12.80		16.00	0.80	20.00	0.88	448.00	
5	UM	14.40			3.20						1,433.60
	UM		3.20	16.00		16.00	0.80	20.00	0.88	448.00	
6	UM	17.60			3.20						1,433.60
	UM		3.20	19.20		16.00	0.80	20.00	0.88	448.00	
7	LM	20.80			3.20						1,249.28
	LM		3.20	22.40		16.00	0.80	38.00	0.76	390.40	
8	LM	24.00			3.20						1,249.28
	LM		3.20	25.60		16.00	0.80	38.00	0.76	390.40	
9	LM	27.40			3.20						1,249.28
	LM		3.20	28.80		16.00	0.80	38.00	0.76	390.40	
10	LM	30.40			3.20						1,249.28
	LM		3.20	32.00		16.00	0.80	38.00	0.76	390.40	
Slab$_B$	LM	33.60									
											11,717.12

그림 6.17에서 버팀보 하중을 장기 안정성 검토에서 산정된 값과 당초 설계 시 값과 함께 비교하여 보면, 단기 안정성이 더 위험함을 볼 수 있으며, 이를 토대로 설계가 이루어졌어야 함을 지시하고 있다. 또한 상부보다 하부에 설치된 버팀보에 작용하는 하중이 큰데, 이는 임시로 시공하였다가 제거된 JGP가 담당했던 하중이 재분배된 여파로 보인다. 단기 안정성에 대한 안전율은 다음 식과 같이 계산된다.

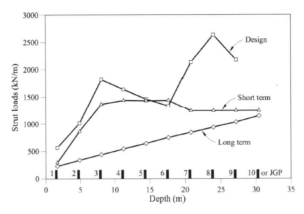

그림 6.17 장단기 안정성 해석에 의한 버팀보 하중과 당초 설계 내용 비교

$$F_s = \frac{E_{struts}}{E_a} = \frac{14,752}{11,717} = 1.26 \tag{6.34}$$

장기 안전율에 비해 상당히 낮아졌지만 단순히 안전율만으로는 붕괴를 설명할 수 없다. 보다 명확하게 붕괴를 설명하자면 굴착 공정에 대한 이해, 버팀보 하중 재분배, 점진적 붕괴 메커니즘 등을 함께 고려할 필요가 있다.

6.3.4 굴착 공정과 붕괴

굴착 심도가 깊어짐에 따라 전토압이 어떻게 변하는지 그림 6.18에 나타내었다. 이때 그림 6.16의 단기 거동 토압을 굴착 단계별로 증가시켰다. 각 단계에서 버팀보 하중이 어떻게 증가하는지를 그림 6.19에 도시하였다.

굴착 공사가 진행되면서 6단 버팀보에 작용하는 하중이 설계하중에 근접하였는데, 이 지점은 그림 6.6에서 보이는 구조적인 좌굴이 발생하는 지점과 일치한다. 시점으로 보면 붕괴가 발생하기 2개월 전인 2004년 1월경이 6단 버팀보 부근을 굴착하는 때이다.

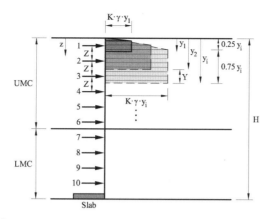

그림 6.18 굴착 공정 진행에 따른 단기 안정성 주동토압 변화 양상

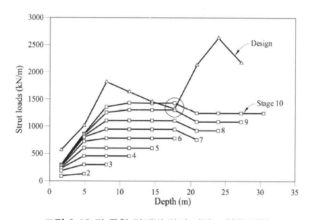

그림 6.19 각 굴착 단계별 단기 버팀보 하중 변화

굴착 시 가장 위험한 시점은 임시 보강체인 JGP가 제거되고 10단 버팀보가 설치되기 직전인 때로서 그림 6.20a에서 나타내었다. JGP가 없어지면 하중이 이미 설치되어 있던 9단 버팀보로 전이되면서 설계 하중은 15% 정도가 초과하는 것을 볼 수 있다. 이때 띠장에 좌굴이 발생할 수 있었던 설계 오류와 겹쳐지면서 9단 버팀보가 파괴에 이르게 되었다. 그림 6.20b에서 나타낸 실제 계측 결과에서도 볼 수 있듯이 9단에 작용한 초과하중이 상부 8단에 재분배되고, 8단이 파괴되면서 전체 버팀보 구조에서 점진적인 붕괴가 발생하였다.

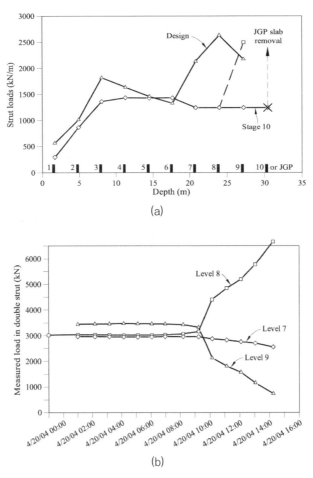

(a)

(b)

그림 6.20 JGP 제거 후 버팀보 하중 재분배: (a) 산정값 (b) S335버팀보(그림 6.4)에서 2004. 4. 20 10 : 00~
15 : 30 간 측정된 버팀보 하중(Davies et al., 2006)

6.3.5 설계 오류

설계자는 붕괴 메커니즘을 어떻게 간과하게 되었을까? 점토의 비배수 전단강도를 실제보
다 크게 추정하는 구성방정식을 사용하였다. 그림 6.8에 나타낸 상하부 해성점토층의 평균
연직 유효응력, σ_{v0}' 은 각각 90 kPa, 190 kPa이며 유효내부마찰각 ϕ' 은 22°, 24°였다. 설계자는
MC 모델을 사용하여 식 (6.11), (6.12)로 비배수 전단강도를 다음과 같이 추정하였다.

$$c_{u1} = 0.33 \times 90 = 30 \text{ kPa}, \ \ c_{u2} = 0.35 \times 190 = 66 \text{ kPa}$$

실내실험과 현장시험 결과에서 얻은 최적치(그림 6.8)는 다음과 같다.

$$c_{u1} = 20 \text{ kPa}, \ c_{u2} = 38 \text{ kPa}$$

단기 안정해석의 전토압은 그림 6.16과 같고, 최종 굴착 시 버팀보에서 발생하는 하중은 표 6.4에 나타내었다. 여기서 산정한 버팀보 하중의 총합은 $E_a = 10,090 \text{ kPa}$인데, 실제와 부합

표 6.4 단기 안정해석 결과 버팀보 하중(당초 설계)

Strut level	Layer	z(m)	Z(m)	y_i(m)	Y(m)	γ (kN/m³)	m (-)	c_u (kN/m²)	K_a (-)	$e_a = K \cdot \gamma \cdot D$ (kN/m²)	Strut load calc. FS=1 (kN/m)
0	UM	0.00									
	UM		1.60			16.00	0.80	30.00			
1	UM	1.60			3.20						266.24
	UM		3.20	3.20		16.00	0.80	30.00	0.81	166.40	
2	UM	4.80			3.20						798.72
	UM		3.20	6.40		16.00	0.80	30.00	0.81	332.80	
3	UM	8.00			3.20						1,181.44
	UM		3.20	9.60		16.00	0.80	30.00	0.81	416.00	
4	UM	11.20			3.20						1,331.20
	UM		3.20	12.80		16.00	0.80	30.00	0.81	416.00	
5	UM	14.40			3.20						1,331.20
	UM		3.20	16.00		16.00	0.80	30.00	0.81	416.00	
6	UM	17.60			3.20						1,331.20
	UM		3.20	19.20		16.00	0.80	30.00	0.81	416.00	
7	LM	20.80			3.20						962.56
	LM		3.20	22.40		16.00	0.80	66.00	0.59	300.80	
8	LM	24.00			3.20						962.56
	LM		3.20	25.60		16.00	0.80	66.00	0.59	300.80	
9	LM	27.40			3.20						962.56
	LM		3.20	28.80		16.00	0.80	66.00	0.76	300.80	
10	LM	30.40			3.20						962.56
	LM		3.20	32.00		16.00	0.80	66.00	0.76	300.80	
SlabB	LM	33.60									
											10,090.24

하는 지반 물성치를 사용하였을 때 전 주동 하중은 $E_a = 11,717\,kPa$로 산정되어 전체적으로 약 17%, 붕괴가 시작된 하부 버팀보에서는 30%까지 저평가되었음을 알 수 있다. 설계 시 버팀보 하중에 대한 안전율을 1.2로 사용한 것을 주목할 필요가 있다.

그림 6.21은 부정확하게 산정된 버팀보 하중과 실제 지반 물성치를 토대로 산정된 버팀보 하중을 서로 비교한 것이다. MC 모델을 사용하여 추정한 하중은 실제보다 작게 예측되었고, JGP가 제거된 시점에서 9단 버팀보는 파괴에 이르지 않았다. 계산한 결과를 보면 JGP가 제거되었을 때 9단 버팀보로 하중이 전이되었으나 설계 예측 하중보다 13% 정도 작은 상태였음을 알 수 있다. JGP를 제거하는 공정을 고려하여 버팀보 하중이 추가되는 것을 고려한 것으로 판단된다. 붕괴에 이르게 된 주요 원인은 토압을 산정할 때 실제보다 과소하게 평가한 것이다.

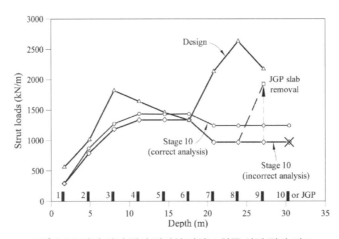

그림 6.21 단기 안정 해석 결과의 버팀보 하중 산정 결과 비교

6.3.6 결과 토론

극히 단순하게 접근해보았지만, 니콜 고속도로 굴착 공사 시 주동토압을 산정하는 데 주요한 인자인 비배수 전단강도를 과다하게 설정한 것이 붕괴원인의 큰 부분을 차지함을 알 수 있었다. 또한 굴착 공정 진행을 감안하여 단계별 안정성을 살펴보았고, 6단 버팀보에 연결된 띠장에서 좌굴이 발생하고 JGP 슬래브를 제거한 것이 붕괴에 매우 크게 영향을 미쳤

다고 평가할 수 있었다.

유한요소 해석 시 MC 모델을 사용한 것은 명백한 오류였다. 설계 당시에 한계평형을 고려한 해석을 하였거나, 간단하게나마 다른 모델과 비교하는 과정이 있었으면 붕괴 사고는 일어나지 않았을까 싶다.

6.4 피해 대응 대책

굴착 공사 시 붕괴가 발생하면 주변 지반도 함께 함몰된다(그림 6.22a). 니콜 고속도로 붕괴 범위는 약 100×130 m 정도이고, 깊이는 30 m까지 발생했다. 가장 근접한 Golden Mile Complex 건물의 10 m 부근까지 지반이 함몰되었다.

니콜 고속도로 자체는 물론 칼랑강을 횡단하는 메르데카 교량의 교대 접근 슬래브까지 피해를 입었다(그림 6.22b).

(a)   (b)

그림 6.22 붕괴 범위: (a) 공사 현장 주변 (b) 니콜 고속도로

개착식 터널 남측에 위치한 우수관로는 강우 시 집수된 우수를 칼랑강으로 배수시키는 간선관로다. 붕괴 사고가 발생하였을 때 하천수가 붕괴지점으로 대량 유입되었다.

전선, 가스, 상수도 등 주요 매설물이 붕괴로 손상되었고, 화재도 발생하였다. 사고 발생으로 인한 대응 대책에 대해 다음에서 설명하고자 한다.

6.4.1 붕괴 응급조치

붕괴 현장 주변에는 운하가 있었는데, 칼랑강으로부터 유입을 방지하기 위해 차단되었다. 현장 주변과 붕괴되어 토사가 노출된 부분은 사면을 보호하기 위해 보호막(canvas sheet)을 덮었다. 현장 주변에서 발생한 균열부는 지표수 유입을 방지하기 위해 충전하였다. 이와 같은 조치는 추가 붕괴를 방지하고 매몰자의 구조와 인접 건물의 안전을 위한 초동 대처 방안이었다.

주변 건물에 대해 사용성에 문제가 없는지 상태를 점검함과 동시에 사고 이후 지속적으로 거동을 살펴보았다. 계측을 통해 건물이 안전하고 구조적으로 건전한지를 확인하였다. 붕괴 현장과 가장 인접한 Golden Mike Complex 건물에 침하계와 EL빔(Electrolevel beam)을 추가로 설치하여 거동상황을 파악하였다. 붕괴 현장 주변에 지중경사계(Inclinometer)를 설치하여 수 시간마다 계측하였다. 약 200 m 떨어진 Golden Mile Tower에도 계측관리를 통해 영향 정도를 정량화하였다.

메르데카 교량의 접근 슬래브도 사고로 붕괴되었다. 현장에서 가까운 측의 첫 번째 경간과 두 번째 경간을 분리시켜 붕괴로 인해 끌려나오지 않게 하였고, 교량에 3축의 거동을 측정하도록 광파측정 반사경과 건물경사계(Tiltmeter)를 설치하여 운용했다.

6.4.2 복구 단계

복구의 첫 번째 단계로서 붕괴 부위를 강도와 점성이 작은 발포 콘크리트로 채우기 시작하였다. 붕괴된 부분에 생겨난 간극을 채우고 물이 굴착 현장측으로 유입을 방지함으로써 추가 붕괴를 막고 주변 지반이 침하되지 않도록 하였다.

두 번째로 발포 콘크리트 상부는 보다 강도가 큰 콘크리트로 채워 어느 정도 지반을 수평으로 형성하였다. 세 번째 단계는 거칠게 메워진 부분을 세밀하게 충전하는 작업이 진행되었다. 네 번째로 일단 안정화시킨 상태에서 노출된 장비와 철골 구조물 등이 잔해를 제거하였다.

다음 5, 6단계는 붕괴된 니콜 고속도로 주변을 흙으로 채워 원래의 높이까지 복구하였다. 7단계는 차단되었던 고속도로를 재개통하는 것이었고, 8번째와 마지막으로 미처 채워지지 않은 구간에 최종적으로 원래의 지표면까지 복구하였다.

복구 작업이 마무리되고 새로운 흙막이 벽체를 설치한 후 굴착 공사가 재개되었다.

6.4.3 추가 안전 대책

사고 다음 날, CCL 공사에 참여한 전 구간 시공자는 진행되고 있는 굴착 공사에 대한 설계와 시공에 관련된 사항에 대해 점검하였다. 발주처인 LTA는 승인된 가시설 공사 도면과 현재 진행되고 있는 사항이 일치되는지 확인하였다. 또한 현지 지반과 구조분야 전문가를 통해 별도로 원인을 조사하였다. 원인 조사뿐만 아니라 사고 구간과 CCL 전 구간의 설계와 시공, 관련 수행 내용에 대해 전반적인 검토가 수행되었다. LTA는 가시설 설계와 시공에 관련된 검토가 종료될 때까지 공사를 잠정적으로 중단하였다.

가시설 설계에 참여하였던 기술자는 설계를 규제하고 허가하는 담당 기관인 Building Control Unit(BCU)에게 서면으로 검토결과를 보고하였다. 가시설 설계 내용은 Building and Construction Authority(BCA)에 제출되어 별도의 설계 감사를 받았다. CCL 1단계는 예정된 개통시기보다 4년이 늦은 2010년에 준공되었다.

싱가포르 정부는 조사위원회(COI)를 구성하여 붕괴 사고 원인과 관련된 배경을 밝히고, 추후 유사한 사고가 발생하지 않도록 재발방지 대책을 제시하였다.

6.5 사고 교훈

COI의 최종보고서는 2005년 5월 11일에 제출되었다. 193명의 증언과 제출 서류를 검토하는 방대한 조사과정을 통해 결정적인 사고원인과 니콜 고속도로 붕괴에 대한 책임자를 분명히 하였다.

COI 보고서에 적시한 내용으로 "공사 초기에 사고가 발생할 수 있는 사전 경고 현상이 있었고, 이를 심각히 받아들이지 않았다."라고 하였다. "4명이 사망한 것은 붕괴의 직접적인 결과고, 니콜 고속도로 붕괴 사고는 막을 수 있었다."라고 결론을 내렸다. 다음은 사고 원인 조사를 통해 COI가 제시한 재발 방지 대책이다.

6.5.1 효율적 위험 관리

시공 과정이든 설계상 오류든지 사고가 발생할 수 있는 요인을 신속히 감지하고 조절하여야 한다. 시공자에게만 관리 책임을 지우는 것은 적절하지 않으며, 발주처는 목적 구조물의 품질과 함께 안전 문제도 균형 있게 다루어야 한다.

6.5.2 치밀한 설계

설계상 오류가 있으면 안 된다. 치밀성(Robustness)은 사전에 위험 요소를 파악하고, 제시된 설계안이 위험요소를 적절히 다루고 있는지에 따라 결정된다. 설계는 불확실성을 충분히 감안하여 어떤 특정한 부분이 파괴되더라도 전반적인 붕괴가 발생하지 않도록 여유가 있어야 한다. 깊은 심도를 굴착하는 가시설 공사는 영구 시설 구축 수준의 중요도를 가져야 한다.

6.5.3 지반설계의 수치해석

수치해석은 보조적인 개념으로써 올바른 공학적인 판단이나 실제 상황을 대체하지 못한다. 수치해석을 다루는 기술자는 반드시 토질역학에 대한 기본적인 지식과 수치 모델링에 대한 분명한 이해를 보유하여야 한다.

6.5.4 역해석

역해석(Back Analysis)을 수행하는 이유는 설계 수준을 높이는 것만이 아니라 당초 설계에서 예측한 거동과 왜 일치하지 않는지를 파악하는 것이다. 지반 물성치와 같이 입력자료는 계측을 통해 얻은 변위와 하중과 비교하여 재설정할 필요가 있다. 만약 입력 자료가 받아들일 수 있는 범위를 벗어난다면, 해석 모델에 오류가 있거나 거동 예측에 사용할 수 없다.

참고문헌

COI Report (2005) *Report of the Committee of Inquiry into the Incident at the MRT Circle Line Worksite that led to the Collapse of the Nicoll Highway on 20 April 2004.* Ministry of Manpower, Singapore, 11 May 2005.

Davies, R.V., Fok, P., Norrish, A. and Poh, S.T. (2006) The Nicoll Highway collapse: field measurements and observations. *Proceeding of the International Conference on Deep Excavations*, Singapore, 15 pp.

Jaky, J. (1944). The coefficient of earth pressure at rest. *Journal of the Society of Hungarian Engineers and Architects*, Budapest, 355–358.

Muir Wood, D. (1990) *Soil Behaviour and Critical State Soil Mechanics.* Cambridge University Press, Cambridge, UK, 486 pp.

Roscoe, K.H. and Burland, J.B. (1968) On the generalised stress–strain behaviour of "wet" clay. In *Engineering Plasticity*, Cambridge University Press, Cambridge, UK, 533–609.

Schofield, A. and Wroth, P. (1968) *Critical State Soil Mechanics.* McGraw-Hill, London.

Terzaghi, K., Peck, R.B. and Mesri, G. (1996) *Soil Mechanics in Engineering Practice.* Wiley-Interscience, New York.

Whittle, A.J. and Davies, R.V. (2006) Nicoll Highway Collapse: Evaluation of geotechnical factors affecting design of excavation support system. *Proceedings of the International Conference on Deep Excavations*, Singapore, 16 pp.

Wikipedia, (2009) http://en.wikipedia.org/wiki/File:Nicoll_Highway_Mrt_Locator.png

터널 굴착 중 붕괴:
스페인 보라스 스퀘어

Tunnel Excavation Collapse:
Borras Square, Spain

7.1	**사례 설명**	**218**
	7.1.1 시공순서	220
	7.1.2 붕괴사고	222
7.2	**지하공동 안정조건의 역해석**	**225**
7.3	**터널 천단아치 하중과 아칭효과**	**229**
	7.3.1 이론적 배경	229
7.4	**토사부벽의 붕괴**	**232**
7.5	**결과 토론**	**236**
7.6	**대책 공법**	**237**
7.5	**사례 교훈**	**239**
	7.7.1 상하반굴착: 빈번한 터널붕괴의 원인	239
	7.7.2 아칭의 이점	239
	7.7.3 파괴의 역해석으로부터 얻은 강도 매개변수	239
	7.7.4 얕은 터널 굴착에서 일반적으로 구조적 강도는 중요하지 않다	240
참고문헌		**241**

터널 굴착 중 붕괴:
스페인 보라스 스퀘어

Tunnel Excavation Collapse:
Borras Square, Spain

7.1 사례 설명

1991년 바르셀로나는 1992년 8월에 열리는 올림픽을 준비하기 위해 새로운 교통 인프라를 적극적으로 구축하고 있었다. 중요한 시설 중 하나인 연장 35 km의 순환고속도로(Rondas)는 이후 몇 년 동안 도심지 교통을 크게 개선시켰다. 본 장에서 설명된 붕괴는 도시의 북쪽에서 바르셀로나를 빠져 나오는 방사형 고속도로와 순환고속도로를 연결하기 위해 건설된 양방향 보조 지하분기에 관한 내용이다. 그림 7.1은 2개의 주요 고속도로(Via Augusta와 Ronda de Dalt)와 소위 I-J 분기(점선)의 교차구간을 보여주고 있다. 붕괴된 구간도 그림에 표시되어 있다.

지반 조건은 몇 개의 시추공(SBR-1~-5)에 의해 조사되었으며, 그 위치는 그림 7.1에 표시되어 있다. 터널은 SBR-5, SBR-1에서 SBR-2 방향으로 굴착되었다.

바르셀로나 대도시 지역의 대부분은 붉은 점토층과 자갈 및 일부 탄산염 껍질이 다양한 비율로 포함된 황색 실트층 순서로 퇴적된 신생대 제4기 지층 위에 조성되었다. 이 지층은 단단한 퇴적물로 시의 자연적 경계인 Collussola산맥 방향인 북쪽으로 갈수록 층후가 감소한다. 터널은 암반(풍화된 화강암, 셰일, 변성암) 상부의 제4기 퇴적층이 점차 얇아지는 도시의 북부에 위치하고 있다. I-J 터널 전체의 길이방향 시추조사 결과가 그림 7.2에 나와 있다.

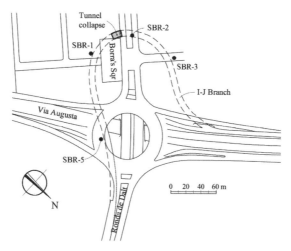

그림 7.1 붕괴된 터널구간 및 지반조사 시추공 위치

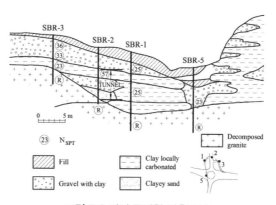

그림 7.2 터널 종방향 지층구성

터널 붕괴는 상부 토사두께가 얇은(5.5 m) 시추공 SBR-1과 SBR-2 사이에서 발생하였다. 터널 인버트는 화강암층에 인접하였으나 터널 전단면은 제4기 퇴적층에서 굴착되었다. 그림 7.2는 명확하게 지층 구성을 설정하는 것이 어려운 것을 보여주고 있다. 시추공 SBR-2에서는 점토질 자갈, 탄산 점토, 다시 점토질 자갈, 점토질 모래, 화강암층 순으로 구성되어 있다. 또한 매립층이 역시 점토와 자갈로 표현되어 식별하기 어려운 것도 관련이 있다. 그림 7.2의 지층 단면은 SPT N값도 나타내고 있다. 지층은 중간 내지 단단한 지반이다. 바르셀로나의 신생대 제4기 지층은 일반적으로 불포화 상태이다.

7.1.1 시공 순서

터널은 상하반 재래식 굴착공법으로 시공되었다. 그림 7.3은 터널 단면, 상하반 치수, 토피고를 나타내고 있다. 상반은 하반 약 12 m 전방에서 굴착되었으며, 굴진장 1.08 m로 굴착후 더블 T형강(HEB 160)으로 지지되었다. 강지보에 지지되는 'Bernold' 천공강판으로 보강을 완료하였다. Bernold 강판과 굴착면 사이에 콘크리트를 주입하여 25 cm 두께의 연속적인 라이닝을 형성하였다. 와이어메쉬와 6 cm 두께의 숏크리트가 최종적으로 적용되었다. 그림 7.3은 설치된 라이닝 단면을 보여주며, 그림 7.4는 터널 라이닝의 수평 단면의 개략도를 보여주고 있다. 일 굴진율은 2.16 ± 3.24 m(2~3개 강지보 설치)였다.

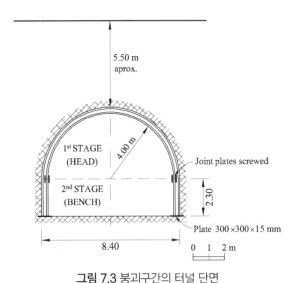

그림 7.3 붕괴구간의 터널 단면

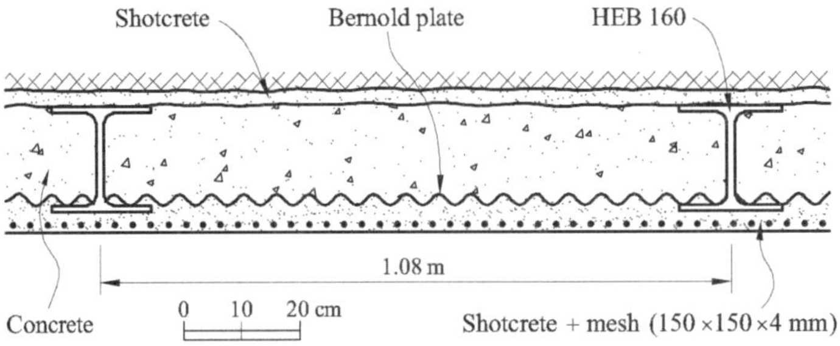

그림 7.4 터널 라이닝 수평 단면도

두 번째 시공단계는 폭 8.40 m, 높이 2.30 m의 하반 굴착이다. 이 단계의 중요한 작업은 적절한 언더피닝 작업이다. 언더피닝은 수직으로 HEB 160 파일을 적용하였다. 동일한 지보 (Bernold 판, 콘크리트 주입, 최종 숏크리트)도 적용되었다. 그림 7.5는 숏크리트 적용 전 HEB 파일 사이에 Bernold 강판이 노출된 시공 중 터널의 측벽을 보여주고 있다. 벤치컷 굴착은 바닥폭 4 m의 중앙 통로를 굴착하는 것으로 시작하였다(그림 7.6).

그림 7.5 강말뚝 사이에 설치된 '표피(skin)' 보강 역할을 하는 Bernold 천공강판

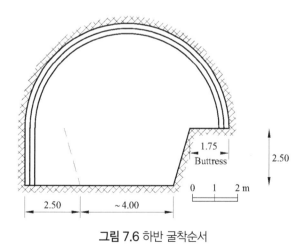

그림 7.6 하반 굴착순서

이후 천단아치는 그림 7.6에 나와 있는 치수의 두 개의 종방향 토사부벽에 지지되었다. 그러나 좌우측 토사부벽은 4 m에서 12 m의 오프셋 거리를 가졌다. 시방서는 폭이 2.16 m(2개의 수직기둥 추가)를 초과하지 않도록 부벽을 굴착하여 천단아치를 지지하도록 규정하였다.

하반의 굴진속도는 상반 굴진속도보다 빠르며, 3.24∼6.48 m/일 수준이었다. 앞의 설명은 시공 중 정확하게 준수하였던 프로젝트 시방규정에 부합한다.

7.1.2 붕괴 사고

붕괴 사고로 11 m 길이의 터널이 붕괴되었으며, 붕괴된 구간은 지보가 완료된 구간 전방에서 마무리되고 있었다. 그림 7.7은 완성된 터널의 모습이다. 붕괴된 구간은 사진의 반대쪽에 위치하며, 사진은 붕괴 사고 발생 수일이 지난 후 찍은 것이다. 그림 7.8은 붕괴가 일어난 11 m 구간의 붕괴 이전 시공상황에 대한 단면도이다. 붕괴 발생 전 터널의 좌측면은 언더피닝 작업이 끝나고 시공이 거의 완료된 상태였다. 터널 좌측면에서 작업자는 언더피닝에 사용된 HEB 말뚝 사이에 횡방향 안정성을 향상시키기 위해 강봉을 용접하고 있었다. 터널 우측면은 토사부벽이 반원형 상반의 강지보를 지지하고 있다.

그림 7.7 완성된 터널

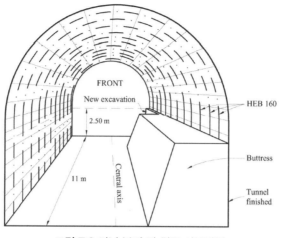

그림 7.8 터널 붕괴 전 최종 시공작업

1991년 6월 26일 아침, 언더피닝 작업을 위해 터널 우측면 부벽을 굴착하기 시작했다. 터널의 막장 근처 우측면 구석에서 작업을 시작하면서 수직 막장면을 건드린 것으로 추정된다. 백호 로더와 휠 프론트 로더가 작업팀을 돕기 위해 시공구간으로 옮겨졌다. 터널 붕괴는 작업자가 2~3 m의 오른쪽 부벽을 굴착한 직후에 발생하였다. 그들은 나중에 천단아치가 작업자 쪽으로 붕괴되었다고 알렸다. 작업자들은 시공장비로 막으며 가까스로 탈출하였다. 그러나 터널의 좌측면에서 HEB 말뚝의 안정화 작업을 하던 용접공은 천단붕괴로 사망하였다. 터널 붕괴로 인해 12 m 높이의 원통 형태의 지반함몰(sinkhole)이 발생하였다(그림 7.9).

터널 붕괴 구간의 평면도는 그림 7.10에 제시되어 있다. 도로에서 측정된 지반함몰 구간의 직경은 7 m(붕괴된 터널 바닥면의 치수는 8×11 m)이었다.

바르셀로나의 소방서가 발행한 보고서에서 몇몇 흥미로운 관찰이 있었다(소방관은 터널 붕괴 직후 구조작업에 참여했다). 처음에는 붕괴는 도로까지 미치지 못했고 지표면까지 확대되는 데 몇 시간이 걸렸다. 붕괴된 구간의 상부는 육안으로 추정해서 두께 약 1 m의 상대적으로 얇은 토층이 상재되었다. 2차 및 최종 붕괴 이후 붕괴잔해와 시공장비가 제거되고 추가 관측의 세부 내용이 제공되었다(그림 7.9 및 7.11 참조).

그림 7.9는 지표까지 뚫린 공동에서 관측된 완성된 터널 단면을 보여준다. 노출된 지반은

그림 7.9 붕괴 발생 후 남은 터널(사진 하단부 소방관의 크기 참조)

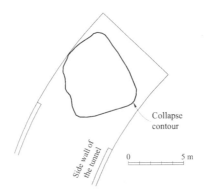

그림 7.10 붕괴구간 평면도

그림 7.11 붕괴 후 우측면 토사부벽 쪽으로 기울어진 강지보와 언더피닝 말뚝

상당한 점토 및 실트 함량을 나타냈다. 이 사진은 또한 터널 굴착 중 여굴이 발생했음을 보여주며, 콘크리트로 가득 차 있었다.

붕괴된 구간이 굴착되었을 때, 한때 천단아치를 지지했던 매립된 강지보가 발견되었다(그림 7.11). 강지보와 수직 언더피닝 말뚝은 사진과 같이 우측면 부벽 쪽으로 기울어졌음을 확인할 수 있었다. 이러한 조사결과로부터 붕괴는 우측면 부벽에 놓인 강지보의 지지력이 상실되면서 발생되었을 가능성이 가장 높다. 다시 말해, 천단아치 하중을 지지하는 우측면 부벽의 불안정이 갑작스런 붕괴의 원인으로 판단되었다.

본 사례의 분석은 다음과 같이 진행한다. 첫째, 토사의 평균 강도정수를 도출하기 위해 터널의 안정성 조건을 검토한다. 그런 다음 아칭효과를 고려하여 우측면 부벽이 항복되도록 하는 터널 천단아치에 작용하는 실제 토사하중을 검토한다. 마지막으로, 터널 천단아치의 하중을 지지하는 우측면 토사부벽의 붕괴조건을 검토한다.

7.2 지하공동 안정조건의 역해석

폭 8.40 m, 길이 11 m인 터널 붕괴 구간은 지표면 아래 10.5 m에 중심을 둔 반경 5 m의 반구로 모사되었다(그림 7.12). 터널 붕괴로 인해 지표면에 도달하는 공동이 형성되었으며, 이는 잘린 원뿔 형태로 모사되었다. 잘린 원뿔의 상단 윤곽이 그림 7.10에 나와 있다. 붕괴된 터널 상부에 있는 잘린 원뿔 형태의 토사체가 불안정하게 되는 조건으로부터 Mohr-Coulomb 파괴기준의 지반강도정수(c, ϕ)를 추정할 수 있다. 지반이 불포화상태이므로 유효응력 및 전응력 매개변수를 구별하지 않았다.

배수 메커니즘이 가정되고 안정성 조건은 소성의 상계정리를 이용하여 풀 수 있다. 따라서 소성이론의 연관법칙(내부 파괴면에서의 팽창각은 내부마찰각과 동일함)과 운동학적으로 허용 가능한 메커니즘을 만족하기 위해서는 그림 7.12와 같이 파괴원뿔의 정점 각도는 2ϕ가 되어야 한다. 파괴원뿔의 이동방향은 수직이다. 원뿔-구체의 상호작용은 원뿔의 하부를 경계짓는 구형의 '돔(dome)'을 정의한다. 원뿔-구체의 원형 교차점의 반지름(그림 7.12에서

r_1)은 각도 α로 관리된다. 실제로, 최적화과정에서 고려되는 원뿔들의 형상은 각도 α로 특징된다. 붕괴된 터널 단면(구)의 깊이가 주어지면, 원뿔의 꼭짓점은 마찰각에 따라 지중 또는 상부 지표면 위에 위치할 수 있다.

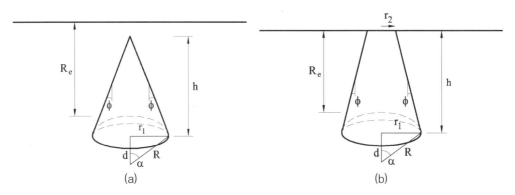

그림 7.12 천단아치 붕괴 형상: (a) 원뿔 꼭짓점이 지중에 위치 (b) 원뿔 꼭짓점이 지표면 상부에 위치

그림 7.12의 형상은 다음 변수들로 정의할 수 있다.

$$d = R\cos\alpha \tag{7.1a}$$

$$r_1 = R\sin\alpha \tag{7.1b}$$

$$h_{\max} = R_e + R - d \tag{7.1c}$$

$$h = \min(h_{\max},\ r_1/\tan\phi) \tag{7.1d}$$

$$r_2 = \max(0, r_1 - h\tan\phi) \tag{7.1e}$$

여기서, R은 구의 반경($\approx$5m), R_e는 터널 토피고($\approx$5.5m), h는 원뿔바닥면으로부터 꼭짓점까지의 높이(꼭짓점이 지중에 위치하는 경우), $h_{\max}$는 잘린 원뿔의 높이(꼭짓점이 지표면 위에 위치하는 경우), r_2는 두 번째 경우에서 잘린 원뿔의 상부 원형면의 반지름, d는 보조변수이다. 원뿔의 체적(V)과 외부측면의 면적(A)은 다음과 같다.

$$V = \frac{1}{3}h\pi(r_1^2 + r_2^2 + r_1 r_2) - \frac{1}{3}\pi(R-d)^2(3R-(R-d)) \tag{7.2a}$$

$$A = \pi(r_1 + r_2)\frac{h}{\cos\phi} \tag{7.2b}$$

상계정리로부터 가상 수직변위 변화율 δ를 일으키는 외력(단위중량 γ를 갖는 토사원추)에 의한 일의 변화율과 파괴면에서의 일의 내부 소산이 균형을 이뤄야 한다. 외력에 의한 일은 다음과 같다.

$$W^{ext} = V\gamma\delta \tag{7.3}$$

배수 조건에서 단위면적당 에너지 소산은 $c\delta_t$이며, 여기서 c는 점착력이고 δ_t는 변위의 파괴면 방향 성분이다(Atkinson, 1981). $\delta_t = \delta\cos\phi$이므로 다음과 같이 나타낼 수 있고,

$$W^{int} = cV\gamma\delta\cos\phi \tag{7.4}$$

$W^{ext} = W^{int}$로부터 점착력 c를 구할 수 있다.

$$c = \frac{V\gamma}{A\cos\phi} \tag{7.5}$$

여기서, V와 A는 α의 함수이다(식 7.2).

주어진 ϕ값에 대하여 붕괴를 초래하는 파괴면 형상(α로 정의됨)에 의존하는 c값을 식 (7.5)를 이용하여 계산할 수 있다. 실제 점착력에 근접하는 상한선을 찾기 위해 평형을 만족하는 c의 최댓값(α에 대한 함수)을 구해야 한다.

수학적 정해인 식 (7.5)로부터 $c(\alpha)$의 최댓값을 찾는 것은 복잡한 작업이지만 Excel solver를

사용하면 간단하다. 4개의 내부마찰각 ϕ값에 대하여 α의 변화에 대한 c의 계산값이 그림 7.13에 주어져 있다. 그림 7.13의 ϕ값 22~30°의 범위는 예상되는 굴착토의 내부마찰각 범위이다. 계산된 점착력(14~18 kPa)은 상대적으로 작으나 상반굴착 중 발생하는 불안정성(여굴)과 일맥상통한다.

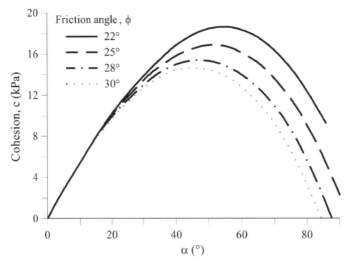

그림 7.13 소성의 상계정리로부터 유도된 점착력 c

가능한 값 $\phi=28°$에 대하여 α의 임계값은 약 50°이다(그림 7.13 참조). 완전한 평형을 유지하기 위한 수직 점착력은 $c=15.4\,kPa$이다. 지중에 있으면서 표면에 근접한 꼭짓점을 갖는 임계파괴상태의 원뿔을 식 (7.1)을 이용하여 구할 수 있다.

Borràs square에서 실제 파괴가 상향으로 진행되고 붕락(daylight) 상태가 된 것은 지반강도가 지표에 가까워지면서 낮아지기 때문인 것으로 추정된다.

이제 터널 천단아치에서 지반이완하중을 결정하는 문제를 고려해보도록 한다.

7.3 터널 천단아치 하중과 아칭효과

7.3.1 이론적 배경

Terzaghi(1943)는 이론토질역학 저서에서 터널 천단아치에 작용하는 실제 하중을 추정할 수 있는 아칭이론을 개발했다. 고전적인 개념은 토체를 지지하는 하부의 수평지보재의 일부가 항복되는 것으로 생각한다. 수평지보재의 항복으로 토사가 하향으로 발생하는 변형에 대하여 하부 항복점에서 상부 지표면까지 연장되는 면(ab, dc)에서 발생하는 전단력이 저항한다(그림 7.14).

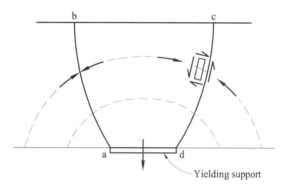

그림 7.14 지보재의 항복에 따라 발생하는 아칭효과

본 사례의 경우 지보재의 항복은 터널 천단아치에서 발생하며, 천단아치 변형이 발생하면 상부지반은 부분적으로 내부 전단력에 의해 지지된다. 이 하중전이 메커니즘은 천단아치에 작용하는 지반 하중을 줄인다. 주응력이 살펴보면(그림 7.14), 최대주응력은 항복 지보재 부근에서 '방류(discharge) 형태' 아치가 된다. 이러한 내부아치는 이 현상에 대하여 역학적으로 간편하게 설명할 수 있고 항복 지보재의 양 측면에서의 수직응력이 증가하는 것을 설명하는 데 도움이 된다.

그림 7.15는 두께 H의 토사층의 바닥에서 반경 R인 원형의 항복 지보재가 지지하고 있다. 간단히 전단저항은 반경 R의 원통형 표면에 작용한다고 가정할 때, 깊이 z, 두께 dz인 디스크의 수직방향 평형을 고려하면 그림 7.15에서 주어진 표기법에 따라 다음의 관계가 성립한다.

$$(\sigma_v + d\sigma_v)\pi R^2 + 2\pi RK\sigma_v \tan\phi dz + 2\pi Rcdz = \pi R^2\sigma_v + \pi R^2\gamma dz \tag{7.6}$$

여기서, γ는 토사의 단위중량, K는 토압계수로 상수로 가정한다.

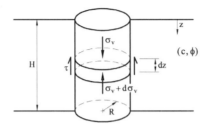

그림 7.15 원형 항복면 상부 원통형 토체. 항복된 천단부 상부에서 발생하는 아칭효과

지표면에 상재하중이 없는 조건에서 식 (7.6)의 미분방정식을 수직응력 σ_v에 대하여 풀면 다음과 같다.

$$\sigma_v = \frac{R(\gamma - 2c/R)}{2K\tan\phi}\left[1 - \exp\left(-\frac{2Kz}{R}\tan\phi\right)\right] \tag{7.7}$$

정지토압계수 조건 세 가지($K = 0.8, 1.0, 1.2$)와 항복된 천단아치 상부 아칭조건을 특성화하는 일련의 매개변수($R = 5\,\mathrm{m}$, $\gamma = 20\,\mathrm{kN/m^3}$, $c = 15.4\,\mathrm{kPa}$, $\phi = 28°$)에 대해 식 (7.7)을 그림 7.16에 나타내었다. 강도 매개변수는 천단아치 초기붕괴가 발생한 몇 시간 후에 관찰된 전반적 붕괴상태로부터 이전 절에서 역해석을 통해 추정하였다.

Terzaghi(1943)의 모래를 이용한 실험에서 항복면 중심선(Terzaghi는 2차원 문제로 고려하였다)을 따라 K값은 항복면 직상부에서 1, 2R 상부에서 최대치 약 1.5로 점차 증가하는 것으로 나타냈다. 따라서 본 사례의 경우 $K = 1.2$가 적절한 것으로 보인다.

$K = 1.2$를 적용할 경우 약 GL-6 m에서 수직응력은 42.6 kPa로 산정된다. (이론적 해에서 전체 실린더와 비교하면) 천단부의 존재는 중량 부족을 의미하고 그림 7.16에 표시된 것보다

더 작은 σ_v값을 발생시키므로 깊은 위치에서 응력값을 정확히 언급하는 것은 적절하지 않다.

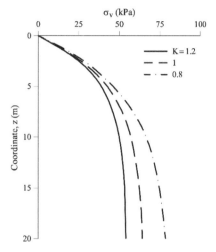

그림 7.16 원형 항복 바닥면에 대한 수직응력

Terzaghi(1943)는 또한 항복 지보재의 깊이(z)가 증가하면 하부 지보재의 항복이 상부층에서 확인되지 않는다고 언급했다. 그는 항복면 위 5R을 초과하는 높이에서는 아칭효과가 없어진다고 설명했다. 결과적으로 Terzaghi의 분석결과로부터 제안된 수직응력 분포는 항복면에서 5R 높이까지이며, 지중응력은 식 (7.7)의 산정값과 일치할 때까지 점차 감소한다.

본 사례의 경우 항복 천단면으로부터 지표면까지의 거리가 약 1.1R이므로 전체 아칭이 발생할 것으로 추정된다. 따라서 천단아치 높이에서 수직응력을 산정하기 위해 식 (7.7)을 사용하는 것이 적절할 것으로 판단되었다.

터널 천단아치가 완성된 구간(그림 7.18의 '안정된' 터널)과 붕괴된 구간이 연속적이므로, 터널의 붕괴된 부분의 저항 메커니즘은 구조적으로 복잡하다. 붕괴된 구간이 항복되는 동안 터널 천단아치에 작용하는 지반하중은 아칭효과에 의해 줄어들기는 하지만 안정된 터널구간이 일부 부담한다. 터널 천단아치는 변형에 대하여 3차원 상호작용이 크게 발생하는 것으로 알려져 있다.

일반적인 터널시공에서 터널 종방향으로는 보강이 이루어지지 않는 것도 사실이다.

수직응력(평균치)의 절반이 안정된 터널구간으로 전달되면 천단아치는 42.6 kPa/2 = 21.3 kPa로 추정되는 작은 '압력'만을 받았을 것으로 추정된다. 약 42.6 kPa의 하중은 소방관이 관찰한 붕괴구간인 천단아치와 상부 1 m 두께의 토층에 해당되는 하중이다.

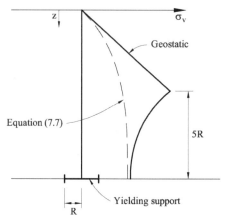

그림 7.17 항복 지보재 상부 수직응력(Terzaghi, 1943)

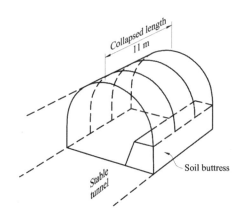

그림 7.18 안정된 터널구간과 붕괴된 구간. 천단아치는 연속적으로 완성되었다.

7.4 토사부벽의 붕괴

토사부벽 상부 터널 천단아치 기초가 그림 7.19에 개략적으로 그려져 있다. 수직응력 σ_v을

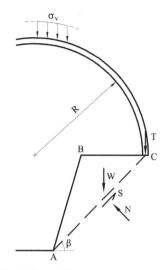

그림 7.19 우측 토사부벽에 터널 천단아치의 하중이 작용하는 경우 안정 조건

받는 터널 천단아치는 강지보 언더피닝 작업 중 굴착될 경사 토사부벽 위에 놓여 있다. 상부하중이 작용하는 이 경사면의 안정성은 다른 방법으로 분석될 수 있다. 매우 간단한 방법은 선하중 T가 상부에 가해지는 경우에 대하여 평면파괴(경사각 β의 슬라이딩면 AC)를 검사하는 것이다.

1/4 튜브에 가해지는 하중에 대한 수직방향 평형을 이용하면 하중 T를 산정할 수 있다.

$$T = \sigma_v R \qquad\qquad 7.8)$$

쐐기 ABC에 대하여 수직방향과 수평방향의 평형은

$$T + W = N\cos\beta + S\sin\beta$$
$$N\sin\beta = S\cos\beta \qquad\qquad (7.9)$$

전단력 S를 동원(mobilized) 점착력($C^{mob} = c/SF$, 여기서 SF는 안전율)과 동원 내부마찰각($\tan\phi^{mob} = \tan\phi/SF$)으로 정리하면 다음과 같다.

$$S = N\tan\phi^{mob} + c^{mob}L \tag{7.10}$$

여기서, L은 AC의 길이이다(그림 7.19).

식 (7.9)와 (7.10)으로부터 다음과 같이 안전율 산정식을 정리할 수 있다.

$$SF = \frac{N\tan\phi^{mob} + c^{mob}L}{N\tan\beta} \tag{7.11}$$

여기서,

$$N = \frac{T + W}{\cos\beta + \tan\beta\sin\beta} \tag{7.12}$$

터널 하단굴착 후 남은 토사부벽의 크기(그림 7.6)에 대하여 T값의 증가에 따른 수식 (7.11)의 안전율이 그림 7.20에 나타나 있다. 7.2절에서 분석된 터널의 완전 붕괴조건에 대한 강도정수 $\phi = 28°$, $c = 15.4$ kPa를 적용하였으며, 지반의 단위중량은 20 kN/m³이다.

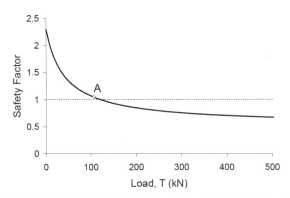

그림 7.20 터널 천단아치로부터 토사부벽 상단에 작용하는 하중 T에 대한 안전율. A점은 1991년 6월 26일 아침 작업시작 전 상태

토사부벽 상단에 작용하는 단위길이당 실제 하중은 식 (7.8)을 이용하여 추정할 수 있다. 이 방정식은 종방향으로 무한하다고 가정하였다. 하지만 실제 붕괴구간 11 m는 이미 시공된 나머지 구간과 함께 연속적인 터널 천단아치를 형성하였다. 다시 말해, 터널 천단아치의 연속성으로 인해 3차원 구조해석 없이는 고려하기 힘든 추가적인 지지력이 제공되었다(그림 7.18 참조).

천단아치는 매우 효과적인 지지구조물이지만 본 사례의 경우 종방향 강지보재가 없었다. 거의 완성된 최종구간의 하중을 지지하기 위해 나머지 완성된 터널의 기여도는 식 (7.8)에 의해 산정된 바대로 하중의 절반정도인 것으로 추정된다. 따라서 토사부벽에 가해지는 평균 하중은 $T = 42.6 \text{ kPa} \times 5 \text{ m} \times 1 \text{ m}/2 = 106.5 \text{ kN}$이며, 그림 7.20에 점 A로 표시되어 있다.

그림 7.20은 1991년 6월 26일 아침에 작업을 시작할 때 토사부벽의 붕괴에 대한 안전율이 낮았다는 것을 나타낸다(=1.05). '천단아치 효과'가 없으면 붕괴가 더 일찍 발생했을 수 있었다.

이제 강지보 언더피닝을 위한 토사부벽 내 틈새굴착의 영향을 고려해 보도록 한다. 틈새굴착으로 인해 벤치의 길이(초깃값 11 m)는 점차 줄어든다. 천단아치로부터의 선하중의 평균은 천단아치를 지지하는 토사부벽의 실제 길이에 선형적으로 비례하는 것을 이용한 간단한 계산을 하면, 식 (7.13)과 같이 초기하중(언더피닝을 위한 굴착 전) T에 대한 하중 증가 ΔT를 나타낼 수 있다.

$$\Delta T/T = e_L/(11 - e_L) \tag{7.13}$$

여기서, e_L은 틈새굴착길이(단위 m)이다. 위의 식은 그림 7.21에 도시되어 있다.

2, 3 및 4 m 폭의 틈새굴착은 초깃값에 비해 22, 37 및 57%의 하중 증가를 초래한다. 이 하중 증가는 그림 7.20에 표시된 안전율의 감소를 의미한다. 1.5~2 m의 틈새굴착폭의 경우 안전율은 이미 1.0이며, 붕괴가 임박한 상태이다. 또한 그림 7.22는 틈새굴착폭에 대한 안전율의 변화를 나타내고 있다.

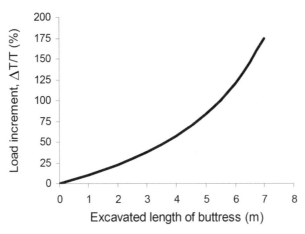

그림 7.21 토사부벽 굴착폭 증가에 따른 천단아치에서 토사부벽 상부로 전달되는 하중 T 증가량

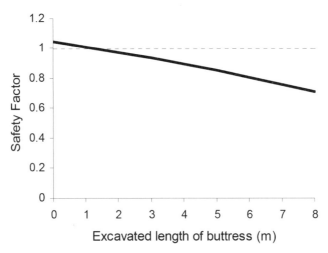

그림 7.22 투사부벽 굴착이 진행됨에 따른 안전율 감소 산정

7.5 결과 토론

이 장에서는 3차원 특성의 복잡한 문제를 분석하기 위해 적절한 순서로 세 가지 기술을 이용하였다. 지표면 함몰붕괴로의 발달이 분석의 시작점이다. 붕괴의 원인에 대한 후속 검사는 붕괴를 일으키는 지반강도를 이용하였다. 관련 지반은 불포화되었으므로 배수분석이 수행

되었다. 소성의 상계정리를 이용하여 원뿔 형태의 붕괴를 쉽게 분석할 수 있었다. 붕괴를 일으키는 c와 $\tan\phi$의 조합에 대해서만 역해석을 수행하였다. 그중 하나(일반적으로 흙의 소성성과 조립토의 함량과 관련된 내부마찰각)는 불확실성이 낮고 점토질 토사의 일반적 범위($22{\sim}30°$) 내에서 더 쉽게 근사화될 수 있다. 그러나 다른(c, $\tan\phi$) 조합으로 유사한 계산결과가 나타나므로 실제보다 더 어렵다.

최종붕괴에 대한 역해석을 통해 터널주변 지반의 강도를 적절하게 추정할 수 있다고 판단된다.

우측 토사부벽의 파괴분석을 통해 터널 천단아치에 가해지는 예상 정적하중의 비교적 작은 비율에서 파괴조건에 도달되었음을 알 수 있었다. 이것은 아칭효과로 인한 것이다. 이 사례는 얕은 터널에서도 아칭이 실제 하중을 줄이는 데 매우 효과적일 수 있음을 보여주었다. 항복된 실린더에 적용된 고전적인 Terzaghi(1943) 토사아칭이론이 본 사례에서 아칭효과를 근사화하는 데 유용한 것으로 판명되었다. 탄소성 유한요소를 이용한 Potts & Zdravkovic (2008)의 최근 연구도 Terzaghi의 분석을 뒷받침한다. 물론 실제 형상을 적절히 고려하기 위해 일부 단순화가 필요하지만, 아칭으로 인한 겉보기하중의 감소는 분석의 마지막 단계, 즉 천단아치 하중에 대한 우측 토사부벽의 불안정성 분석에서도 일관되게 나타났다. 간단한 계산절차(하중을 받는 쐐기의 한계평형)를 통해 파괴를 설명할 수 있다. 전체 분석에서 주요한 측면은 강도 매개변수(첫 번째 단계)와 아칭효과(두 번째 단계)를 적절하게 적용하는 것이므로 본 사례에서 보다 복잡한 계산절차는 적절하지 않을 수 있다.

7.6 대책 공법

본 사례의 터널 붕괴는 암석의 강도가 낮았음에도 이를 암반으로 고려하여 부적절한 공법을 적용한 결과다. 토사터널에 적합한 굴착방법을 적용하였다면 붕괴를 막을 수 있었을 것이다. 이러한 절차 중 많이 적용되는 고전적인 시공방법은 비교적 단단한 토사지반에서 적용하는 소위 '벨기에 공법'이다. 벨기에 공법 또는 '플라잉아치(flying arch) 공법'은 터널 관련

서적과 핸드북에 설명되어 있다(Széchy, 1967; Bichel & Kuesel, 1982). 이 공법(그림 7.23)에서 굴착은 기둥과 목재판에 의해 지지되는 작은 중심부 선진도갱(약 폭1 m×높이 2m)으로 시작된다(그림 7.23a). 천단아치를 형성하기 위해 선진도갱부를 양쪽으로 넓힌다(그림 7.23b). 천단아치는 아직 굴착되지 않은 중앙부 토체에서부터 연장된 전방기둥에 지지된 지보(rib)와 이미 시공된 콘크리트 아치로 지지된다(그림 7.23c). 지보(rib) 사이에 노출된 지반은 목재와 바이브래이팅 해머로 삽입되는 강판으로 지지된다. 그런 다음 천단아치를 지지하는 아치 라이닝이 타설된다(그림 7.23d). 중심부 압성토는 굴착면을 안정화시키기 위해 굴착하지 않는다. 상부 하중을 인버트까지 전달하는 측벽시공을 위해 천단아치 하부에 비교적 좁은 굴착(pit)을 하고 언더피닝을 한다(그림 7.23e, f). 전체 단면이 굴착되고 난형 인버트 (필요한 경우)가 타설되면 공정이 끝난다(그림 7.23g). 전체 프로세스는 노동 집약적이며 전문 인력이 필요하다. 그러나 터널연장이나 기타 특정상황으로 인해 쉴드 터널링을 사용할 수 없는 경우 이 공법은 국가 또는 도시를 거쳐가면서 변형되면서 널리 사용되고 있다.

붕괴의 원인을 상기하여볼 때 벤치컷 방법이 수정되었을 경우 사용된 방법이 성공했을 수도 있다. 사실 '긴' 중앙통로의 굴착으로 시작하여 양측면에 토사벤치를 남겨두고, 보다 작은 폭(1 m)의 측면 틈새굴착을 수행하여 신중하게 언더피닝 작업을 하였을 경우 붕괴를

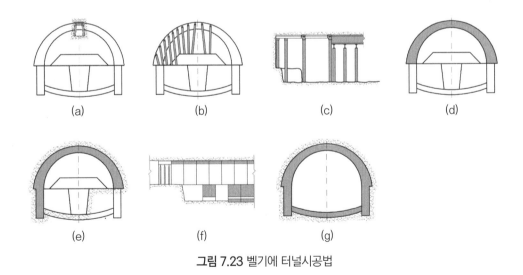

(a) (b) (c) (d)

(e) (f) (g)

그림 7.23 벨기에 터널시공법

방지할 수 있었다. 더 좋은 방법은 긴 중앙통로 굴착을 피하고 터널하반 굴착을 더 천천히 굴착하는 것이다. 이는 3차원 효과를 향상시키고 HEB 기둥설치 및 측벽시공 시 천단아치의 안정성을 유지하는 데 도움이 된다.

7.5 사례 교훈

7.7.1 상하반 굴착: 빈번한 터널 붕괴의 원인

터널상반을 성공적으로 굴착하고 천단아치를 형성했다고 해서 작업이 '거의 완료'된 것은 아니다. 터널 굴착작업이 실제로는 언더피닝 작업이라는 점에서 상하반 굴착을 구조적 관점에서 접근해야 한다. 분석이 수행된 본 사례의 경우, 굴착된 벤치의 안정성 조건에 대한 이해가 제한적일 수 있다. 또한 강도가 낮은 암반에 적합한 상하반 굴착방법은 중간강도의 토사지반에서의 적용이 그 한계임을 알 필요가 있다.

7.7.2 아칭의 이점

상하반 굴착 시 천단아치 기초의 안정성 확보의 필요성을 알고 있는 터널 설계자는 상재응력을 공칭값(geostatic 응력) 이하로 함부로 감소시키지 않았을 것이다. 그 이유는 토피고 대 직경 비율이 낮기 때문이다. 본 사례는 얕은 터널에서도 아칭이 안전률을 높이는 데 도움이 된다는 것을 나타낸다. 그러나 다른 설계 및 시방기준(즉, 길이, 우측 토사부벽 단면과 언더피닝 작업)이 안전성을 감소시켰기 때문에 본 사례에서 적절한 안전성을 확보할 수 없었다.

7.7.3 파괴의 역해석으로부터 얻은 강도 매개변수

안정성 파괴에 대한 역해석을 통해 현장 강도를 추정할 수 있다. 파괴 시 간극수압은 일반적으로 모르기 때문에 배수 계산 시 어려움이 있다. 기술된 사례에서 지반은 포화되지 않았으며, 전응력 해석이 수행되었다. 데이터 부족으로 인해 석션 효과를 직접 고려하지는 않았다.

7.7.4 얕은 터널 굴착에서 일반적으로 구조적 강도는 중요하지 않다

본 사례에서 강지보의 휨모멘트, 수직 및 전단력은 전혀 한계상태에 도달하지 않았다. 여기에서는 포함되지 않았지만 이 확인절차는 구조적 터널 붕괴 가능성이 없음을 확인하는 데 필요하였다. 본 사례는 일반적으로 얕은 터널의 사례다. 얕은 터널 굴착의 위험성은 토사의 불안정성과 관련이 있다.

참고문헌

Atkinson, J.H. (1981) *Foundation and Slopes. An Introduction to Applications of Critical State Soil Mechanics*. McGraw Hill, New York.

Bickel, J.O. and Kuesel, T.R. eds. (1982) *Tunnel Engineering Handbook*. Van Nostrand Reinhold Co, New York.

Potts, V.J. and Zdravkovic, L. (2008) Finite element analysis of arching behaviour in soil. *Proceedings of the 12th International Conference of International Association of Computer Methods and Advances in Geomechanics* (IACMAG). Goa, India. 3642-3649.

Széchy, K. (1967) *The Art of Tunneling*. Akadémia Kiadó, Budapest.

Terzaghi, K. (1943) *Theoretical Soil Mechanics*. John Wiley and Sons, New York.

8.1	**현장조사**	**244**
	8.1.1 터널 굴착면의 불안정	244
	8.1.2 터널 갱구부의 불안정	248
8.2	**소성해를 이용한 터널 굴착면 파괴 해석**	**249**
8.3	**수평 마이크로파일을 이용한 터널 굴착면의 안정화**	**253**
	8.3.1 보의 거동. 한계상태	255
	8.3.2 빔-보강 붕괴 메커니즘 분석	261
	8.3.3 클램핑 상대거리(relative clamping distance, d/b)의 효과	266
8.4	**La Floresta 터널 보강**	**269**
8.5	**결과 토론**	**269**
8.6	**대책 공법**	**270**
8.7	**사례 교훈**	**272**
	8.7.1 굴착면 불안정	272
	8.7.2 계산과정	272
	8.7.3 굴착면 안정화	272
	8.7.4 보강된 터널 굴착면의 안정성	272
	8.7.5 안전율 추정	273
8.8	**고급 주제**	**273**
부록 8.1 Von Mises 항복기준		**275**
부록 8.2 무보강 및 보강터널 굴착면의 상계해		**277**
	부록 8.2.1 무보강 굴착면	277
	부록 8.2.2 상계해. 보강 굴착면	283
참고문헌		**287**

터널 굴착면 붕괴:
스페인 플로레스타 터널

Tunnel Face Instability:
Floresta Tunnels, Spain

8.1 현장조사

8.1.1 터널 굴착면의 불안정

1989년 연장 250 m의 두 개의 평행한 단경간 고속도로 터널(동측 및 서측 터널)이 바르셀로나 북쪽(La Floresta)에서 중간 정도의 토피고(40 m 미만)로 건설되고 있었다. 터널은 지질작용이 크게 발생한 고생대 셰일층에서 굴착되었다. 그림 8.1은 중심축 사이의 거리가 35 m인 두 터널의 평면도다. 최대 6 m 높이의 터널 상단은 붐 헤더를 이용한 기계굴착 방식으로 수행되었다.

터널은 숏크리트, 와이어메쉬뿐만 아니라 1 m 간격으로 HEB-180 강지보로 지지되었다(그림 8.2a). 또한 HEB 강지보 사이에 'Bernold' 천공강판을 설치하고 배면에 연속적으로 콘크리트 라이닝을 굴착면에 근접하여 타설하였다(그림 8.2). 굴착은 북쪽에서 남쪽으로 진행되었다. 갱구부부터 동터널에서는 60 m, 서터널에서는 100 m 굴착되었을 때 거의 동시에 굴착면 붕괴가 발생하였다. 그림 8.2b는 서터널 굴착면 붕괴상태를 보여준다. 동터널 굴착면이 무너졌을 때 토피고는 22 m, 서터널의 두 차례 연속붕괴가 발생하였을 때 토피고는 25.5~27 m였다. 본 장에서는 이 굴착면 붕괴를 각각 E1(동터널) 및 W1, W2(서터널)로 부르기로 한다.

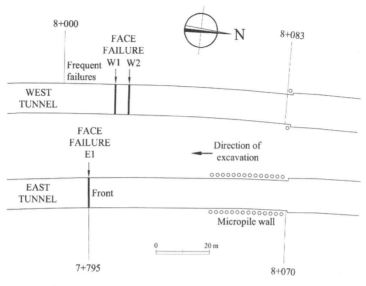

그림 8.1 Floresta 터널 평면도

그림 8.2 (a) 서터널 굴착면 불안정 (b) 터널 붕괴

터널 설계도서에는 RMR값(Bieniawski, 1989)으로 고생대 셰일의 상태를 평가하였다. 암반에는 세 개의 주요 절리군이 확인되었고 몇 개의 파쇄대와 단층도 보고되었다. 또한 층리에 의해 암반은 조밀하게 균열이 발생되어 있었다. 실제로 모든 불연속면을 동일한 스테레오넷에 표시할 때, 가능한 모든 경사각을 갖는 불연속면이 고르게 분포되어 나타났다. 붕괴가 발생한 구간에서 RMR값은 15~20 수준으로 낮게 나타났다. 규암이 협재된 셰일층에서 약간 더 높은 RMR값(30~40)을 보였다. 그러나 굴착 후 셰일을 직접 조사하였을 때 최대 7~33

범위에서 최소 0에 가까운 값으로 더 비관적인 등급을 얻었다!

붕괴 후 터널 굴착면을 육안으로 관찰한 결과, 매우 심하게 파쇄되고 습곡된 셰일 암반이 확인되었다. 이 셰일은 손으로 쉽게 부서뜨릴 수 있으며, 노출된 층리 표면은 활석 표면과 같이 촉감이 미끄러웠다. 터널의 붕괴면은 자세히 조사할 수 있었는데, 담당 엔지니어가 그린 붕괴구간의 스케치가 그림 8.3에 나타나 있다. 붕괴된 암반에서 층리 표면을 더이상 확인할 수 없을 정도로 토사 수준이었다. 노출된 붕괴면에서 불연속면은 조명을 밝히면 광택이 보였고 지하수는 확인되지 않았다.

붕괴 발생 후 무너져내린 셰일암반은 안정된 상태를 유지하였으며, 그림 8.3에 표시된 낮은 경사를 나타냈다. 붕괴된 토체의 노출면은 즉시 숏크리트로 처리되었으며, 안정된 상태를 유지하기 위해 터널 굴착면을 추가적으로 그라우팅 처리하였다.

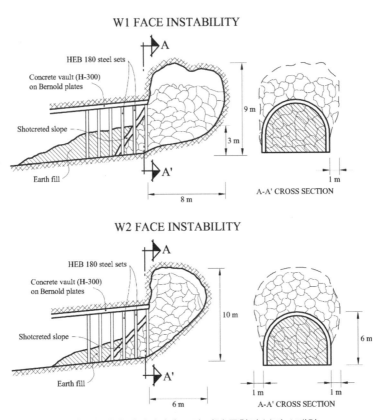

그림 8.3 담당 엔지니어가 그린 터널 굴착면 붕괴 스케치

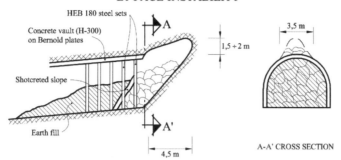

그림 8.3 담당 엔지니어가 그린 터널 굴착면 붕괴 스케치(계속)

이러한 현장 스케치를 기반으로 붕괴면의 형상과 생성된 공동의 규모가 그림 8.4에 단면도에 그려져 있다. 서터널(W1과 W2)에서의 두 차례의 붕괴는 터널 전단면에 영향을 미쳤다. 동터널에서는 굴착면 붕괴가 더 제한적이었다.

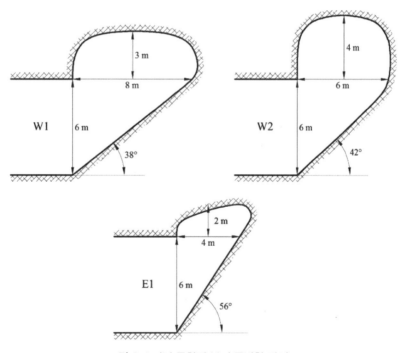

그림 8.4 터널 굴착면 붕괴 종방향 단면도

본 장에서는 관찰된 굴착면 붕괴를 먼저 조사하고, 고전적 해석법을 이용하여 비배수 조건에서 터널 굴착면의 안정성을 설명하였다. 터널시공을 함께 진행하기 위해 터널 굴착면에서 마이크로파일 엄브렐라 아치공법을 적용한 천단보강이 제안되었다. 이 공법과 관련되어 개선된 안정성 조건이 본 장에서 검토되었다. 마지막으로, 실제로 시공된 엄브렐라 아치공법설계는 수행된 해석을 기반으로 수행되었다.

8.1.2 터널 갱구부의 불안정

터널 작업 중 굴착 막장면 붕괴가 유일한 사고는 아니었다. 사실 동터널 갱구부 굴착 중 비탈면 붕괴가 발생했다. 비탈면 붕괴(일부 숏크리트 처리) 모습이 그림 8.5에 나와 있다. 그림 8.6은 비탈면과 터널 작업을 시작하기 위해 수행된 수직 굴착의 단면형상을 보여주고 있다. 붕괴형상으로부터 대략적인 원형파괴 메커니즘을 유추할 수 있었다. 이 비탈면의 불안정성 조건으로부터 셰일의 강도정수를 추정할 수 있었다. '비배수' 전단파괴에 대한 역해석을 통해 임계강도 $c_u = 110\,\text{kPa}$를 유추할 수 있다(이 경우의 원형 임계파괴면이 그림 8.6에 나타나 있다). 내부마찰각을 $\phi' = 10°$로 가정할 경우, 전단파괴가 발생할 수 있는 유효점착력 $c' = 95\,\text{kPa}$이며, 이 경우의 임계파괴면도 그림 8.6에 그려져 있다(상대적으로 더 '얕은' 파괴면). 두 파괴면이 모두 본질적으로 현장 관찰결과와 일치하지만, 붕괴를 직접 목격한 사람들은 깊은 심도에서 파괴가 발생하였다고 주장하였다. 현장에서 지하수는 보이지 않았으므로 두 번째 조건인 배수분석 시 수압은 고려하지 않았다. 따라서 이러한 내부마찰각이 작은 파쇄가 심한 셰일층은 파괴분석 시 점착력을 갖는 균질한 지층으로 가정할 수 있고, 터널 굴착면의 안정성에 대한 비배수 해석수행의 이점을 고려하여 나머지 장에서 비배수 해석조건을 적용할 것이다.

(a)   (b)

그림 8.5 갱구부 굴착: (a) 노출된 심하게 파쇄된 셰일은 굴착 후 즉각적으로 숏크리트 처리됨 (b) 비탈면 붕괴

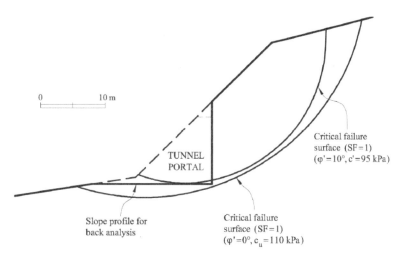

그림 8.6 동터널 갱구부에서 발생한 비탈면 불안정

8.2 소성해를 이용한 터널 굴착면 파괴 해석

점성토 내 천층터널의 안정성 검토를 위해 Davis et al.(1980)이 제안한 고전적인 방법을 고려해보자. 터널 굴착면의 안정성은 Atkinson(1981)과 Chen & Liu(1990)의 논문에 자세히 설명되어 있는 소성의 상계 및 하계정리를 이용하여 분석하였다.

Davis et al.(1980)이 분석한 터널파괴의 형상과 하중조건은 그림 8.7a에 나타나 있다. C,

D는 각각 토피고와 터널 직경, P는 터널 굴착면으로부터 가장 가까운 지보재까지의 거리이
며(본 사례의 경우에서는 P를 0으로 간주함), σ_S와 σ_T는 각각 지표면과 터널 굴착면에 가해
지는 응력이다. 2개의 Floresta 터널 굴착에서의 실제 하중조건은 $\sigma_S = \sigma_T = 0$이다(상재하중,
터널 굴착면 압성토 응력적용 없음).

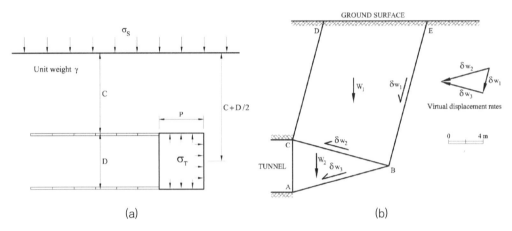

그림 8.7 (a) Davis et al.(1980)에서 고려한 천층터널 파괴의 형상 및 하중조건: (b) Floresta 터널의 붕괴 메
커니즘. 가상변위율 세트 δ_{w1}, δ_{w2}, δ_{w3}은 B점에 대하여 표현

Davis et al.(1980)이 제안한 수식은 다음과 같이 무차원의 '안정수(stability number)' N으로
주어졌다.

$$N = \frac{\sigma_S - \sigma_T + \gamma(C + D/2)}{c_u} \tag{8.1}$$

여기서, γ는 토사의 단위중량이다. 식 (8.1)의 분자는 터널 굴착면의 붕괴를 일으키는 응력으
로 정의할 수 있으며, 분모는 유효한 저항력이다.

Davis et al.(1980)은 C/D에 대하여 N값의 상한과 하한을 제공했다. N값을 알게되면,
식 (8.1)을 이용하여 터널 굴착면 붕괴를 유발할 수 있는 c_u값을 결정할 수 있다.

예를 들어, 2차원 평면 변형률 조건 해석이 가능한 경우, 표 8.1은 앞에서 설명한 굴착면 붕괴 3개소(동터널 1개소, 서터널 2개소)에 대해 산정된 c_u 값을 요약한 것이다.

표 8.1 Floresta 터널 굴착면 붕괴 3개소에서 산정된 c_u 값

굴착면 붕괴	토피고 C (m)	터널 직경 D (m)	상계정리		하계정리			
					Smooth lining		Rough lining	
			$N^{(1)}$	c_u(kPa)	$N^{(1)}$	c_u(kPa)	$N^{(1)}$	c_u(kPa)
E1	22	6	7.9	72.6	5.2	115	6	96
W1	27	6	8.7	79	5.5	128	6.2	111
W2	25.5	6	8.5	77	5.4	119	6.1	107

철근 마이크로파일을 이용한 보강 적용 시 상계정리와 관련된 안정조건의 상세한 유도는 뒤에서 설명할 것이다. Davis et al.(1980)이 제안한 식은 보강이 없는 경우에 해당된다. 두 경우의 분석은 부록 8.2에 수록되어 있다.

정확한 N값은 상계정리로부터 구해지는 상한값과 하계정리에 의해 구해지는 하한값 사이로 구간지을 수 있다(표 8.1 참조). 최적화 과정을 통해 $N_{\text{upper bound}}$는 감소하고 $N_{\text{lower bound}}$는 증가한다. 식 (8.1)에서 보면 c_u는 N값에 반비례하므로 상계와 관련된 c_u 값은 최적화 과정에서 증가한다. 따라서 상계정리로부터 얻은 c_u 값은 비배수 강도의 하한값이 된다. 비슷한 이유로 하계정리로부터 c_u 값의 상한값을 얻을 수 있다.

표 8.1에 정리된 계산값은 $\gamma = 23$ kN/m^{3}에 대하여 산정되었고 N값을 산정하기 위해 Davis et al.(1980)의 식이 이용되었다. c_u 값은 식 (8.1)로부터 다음과 같이 정리된다.

$$c_u = \frac{\gamma(C + D/2)}{N} \tag{8.2}$$

굴착면 붕괴에 대한 안정성 분석으로부터 도출된 c_u 값이 상술된 갱구부 붕괴의 역해석으로부터 도출된 값과 매우 근접한 것으로 나타났다. 이러한 일관된 결과는 수행된 전체 분석에

대한 신뢰성을 뒷받침한다.

상계정리의 적용을 위해 파괴형상군을 명시해야 한다. 정리의 적용에 포함된 최소화 프로세스는(적용된 붕괴 메커니즘 집단에 대한) 임계파괴 메커니즘을 제공한다. 동터널 붕괴에 대한 임계파괴 메커니즘은 그림 8.7b에 표시되어 있다. 이 메커니즘은 터널 굴착면으로 미끄러질 수 있는 삼각형 쐐기와 삼각형 쐐기의 상부면을 적재되는 두 번째 직사각형 쐐기로 구성된다. 지반강도 c_u 는 접촉하는 두 면 사이에 변위차가 있을 때마다 발생한다. 따라서 그림 8.7b에 표현된 예에서 c_u 는 표면 AB, BC, BE 및 CD를 따라 작용한다. 또한 그림에는 두 개의 움직이는 '쐐기'(무게 W_1 및 W_2)의 강체 가상변위율('속도'라고도 함) δ_{w1}, δ_{w2}, δ_{w3} 이 표시되어 있다.

첫 번째 붕괴가 발생하면 추가굴착은 토피고(C)의 증가를 의미하고 그에 따라 평형을 위해서는 더 큰 값의 c_u 가 필요하므로 굴착면 붕괴의 위험도가 높아짐을 의미하였다(식 (8.2)). 갱구부 붕괴의 역해석에서 추정된 c_u 값이 '현장' 조건을 대표한다고 하면, 굴착면 불안정은 피할 수 없었음이 분명하다.

굴착면 안정은 다음과 같은 몇 가지 대책 공법으로 확보할 수 있다.

- 압성토로 지지되지 않은 면의 크기를 줄임(그림 8.8a)
- 볼트를 삽입하여 굴착면 전방 지반의 보강(일반적으로 유리섬유보강 볼트를 사용하여 향후 굴착을 용이하게 함, 그림 8.8b)
- 마이크로파일을 조밀한 간격으로 설치하는 엄브렐라 아치공법 적용(그림 8.8c)

발주처는 결정한 세 번째 대책 공법을 추가로 검토하였다.

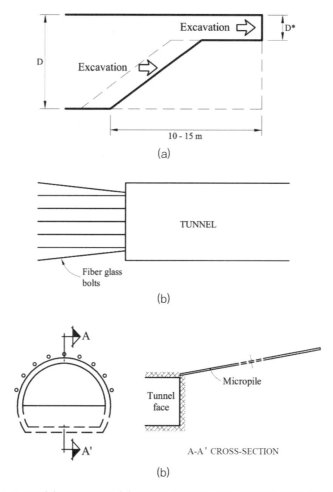

그림 8.8 (a) 굴착면 압성토 (b) 굴착면 보강 (c) 굴착면 불안정을 막기 위한 마이크로파일 엄브렐라 아치공법

8.3 수평 마이크로파일을 이용한 터널 굴착면의 안정화

대책 공법의 적용성 평가를 위해 첫 번째 단계로서 예상되는 파괴 메커니즘에 적용되는 수평 마이크로파일의 거동을 분석하는 것이다. 거동분석을 위해 평면 변형률과 비배수 조건이 가정되었다.

이전의 파괴 메커니즘(그림 8.7)에서 마이크로파일이 상부쐐기를 교차하는 조건을 고려하여 보자. 마이크로파일은 파괴 메커니즘을 통해 예상되는 변위에 대해 저항할 것이다(그림

8.9a). 쐐기의 변위에 대하여 지점 P에서의 마이크로파일의 작용력은 수직력 N, 전단력 Q및 모멘트 M으로 구분할 수 있다. 쐐기의 파괴 메커니즘(쐐기의 활동변위)이 유지된다고 하면, 모멘트 M은 외부일(안정화)로 작용하지 않는다. 즉, 전단력 Q와 수직력 N만이 안전성 증대에 기여한다. 그러나 N과 Q의 실제값은 마이크로파일 단면의 파괴기준에 의해 제어되므로 M도 산정되어야 한다. 실제로, 파괴기준은 전단력과 수직력(Q, N)뿐만 아니라 휨모멘트 M에 의존하는 응력(수직 및 전단) 측면에서도 제시된다.

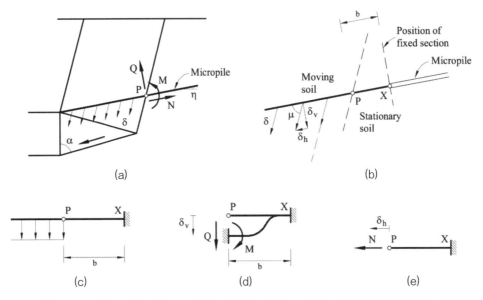

그림 8.9 (a) 파괴 메커니즘에서 마이크로파일의 작용 (b) 마이크로파일의 유한 길이에서 동일한 변위 δ (c)와
(d) 마이크로파일의 휨거동 (e) 마이크로파일의 인장거동

마이크로파일의 효과를 터널면의 안정성 분석에 포함시키기 위해, 다음과 같은 후속 작업이 수행될 것이다.

• 파괴 메커니즘이 분석될 것이다. 분석은 상계 소성 접근방식을 따른다. 마이크로파일 효과는 지점 P에서의 한계 수직력(N) 및 전단력(Q)으로 대체될 것이며, 이 지점에서 마이크로파일은 파괴 메커니즘의 임계 활동면을 통과한다.

- 임계 쐐기에 마이크로파일이 가하는 힘은 보로 간주된 마이크로파일의 독립적인 분석을 통해 결정되며, 가정된 파괴 메커니즘에 따른 운동학적 거동에 영향을 받는다. 마이크로파일의 임계섹션(지점 P 위치)은 임계상태로 전환된다. 다시 말해, 마이크로파일 강봉단면은 소성화된다.
- 가장 위험한 메커니즘은 완전소성 상계정리의 원리에 기반한 최적화 과정을 통해 결정된다. 마이크로파일의 작용력(Q와 N)은 메커니즘에 대한 외력으로 간주된다.

8.3.1 보의 거동. 한계상태

그림 8.9b에서 주변 지반으로부터 마이크로파일을 분리해서 생각해보자. 이동 쐐기에 포함된 보 전체는 표시된 방향으로 균일한 변위 δ가 발생한다. 이 변위는 보의 수직방향 변위 δ_v와 보의 축방향 변위 δ_h 두 가지 구성 요소로 나눌 수 있다. δ_v는 보에 전단력과 휨모멘트를 유발하고 δ_h는 수직력만 발생시킨다. 보의 계산을 단순화하기 위해, 마이크로파일의 근입장은 교차점 P와 고정점(완전히 고정된) X 사이의 길이 b와 같다고 가정한다. 등가 보 길이, b를 개략적으로 산정하는 방법은 추후에 설명하도록 한다.

Von Mises의 항복기준을 따르는 완전소성 재료(대부분의 철강재)인 경우, 소성이 발생하는 위치에서 특정 단면에 작용하는 수직응력(σ)과 전단응력(τ)의 관계(부록 8.1)는 다음과 같다.

$$\sigma^2 + 3\tau^2 = \sigma_e^2 \tag{8.3}$$

여기서, σ_e는 마이크로파일 재료의 일축인장강도 또는 탄성한계이다.

이 조건은 단면 P에 적용된다(그림 8.9a 참조). σ와 τ는 휨모멘트(M)뿐만 아니라 수직력(N)과 전단력(Q)로 표현될 것이다.

일단 이러한 힘이 계산되면(제시된 변위 δ에 대하여), 단면의 각 위치에서 응력(수직 및 전단)을 구할 수 있다. 식 (8.3)에 항복에 처음으로 도달하는 위치(즉, $\sigma^2 + 3\tau^2$의 값이 최대인 위치)의 응력값을 대입하면 임계변위 δ를 결정할 수 있다. 이러한 변위는 마이크로파일에 의한 최대 지지력과 연관된다고 할 수 있다(단, 이 장의 끝에 있는 토의 참조). 이로부터 파괴 메커니즘에 저항하는 힘 N과 Q를 구할 수 있다. 마지막 단계는 붕괴 하중을 유도하기 위해 소성의 상계정리를 적용하는 것이다. 마이크로파일 저항력 N과 Q는 이제 외력으로 작용한다.

터널 측에서 마이크로파일의 최종지지력은 무시될 것이며, 따라서 마이크로파일은 안정 메카니즘에 앞서 안정된 지반 내 어떤 지점에 고정된 캔틸레버 보로 작용하는 것으로 가정될 것이다. 이제 그림 8.9c~e에 표시된 한쪽 끝이 고정된 등가 보를 고려해보자. 한쪽에 대한 다른 끝단의 상대변위 δ_v에 의해 유발되는 점 P에서의 휨모멘트 및 전단력은 다음과 같이 주어진다.

$$M = \frac{6EI_x}{b^2}\delta_v \tag{8.4}$$

$$Q = \frac{12EI_x}{b^3}\delta_v \tag{8.5}$$

이러한 표현은 재료의 강도매뉴얼에서 찾을 수 있다(예: Young, 1989 참조). 수직력(그림 8.9e)도 다음과 같이 쉽게 구할 수 있다.

$$N = \frac{AE}{b}\delta_h \tag{8.6}$$

상기 식에서 E는 철근의 탄성계수이고, I_x와 A는 각각 마이크로파일 단면의 수평축에 대한 관성 모멘트와 단면적이다. δ_v와 δ_h는 이제 제시된 변위(강제변위)의 방향과 마이크로파일에 수직방향 사이의 각도 μ로 표시된다(그림 8.9b).

$$\delta_v = \delta\sin\mu, \ \delta_h = \delta\cos\mu \tag{8.7}$$

한 쌍의 힘에 의한 수직응력(σ_N, σ_M)은 다음과 같다(그림 8.10a).

$$\sigma = \sigma_N + \sigma_M = \frac{N}{A} - \frac{Mz}{I_x} \tag{8.8}$$

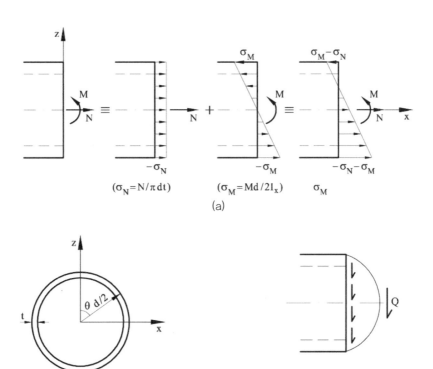

그림 8.10 응력 분포 (a) 수직력(N)과 휨모멘트(M)로 인한 σ와 (c) 마이크로파일 단면 (b)에서 전단력(Q)로 인한 τ

여기서, z는 보의 축 x에서 단면의 특정 지점까지의 거리이다. 음의 값은 압축을 나타낸다.

수직력(식 (8.6))과 휨모멘트(식 (8.4))에 대한 식을 식 (8.8)에 대입하면,

$$\sigma = \left(\frac{E}{b} \cos\mu - \frac{6Ez}{b^2} \sin\mu \right) \delta \tag{8.9}$$

평균 평면에 대하여 좌표 z의 임의지점에서 전단력(Q)으로 인한 전단응력(그림 8.10b, c)은 다음과 같다.

$$\tau = \frac{2Q\sqrt{d^2 - 4z^2}}{\pi d^2 t} \tag{8.10}$$

여기서, t는 강관의 두께이고 d는 마이크로파일의 직경이다.

식 (8.5)에 주어진 Q를 식 (8.10)에 대입하면 다음과 같다.

$$\tau = \frac{3Ed}{b^3}\delta\sin\mu\sqrt{d^2 - 4z^2} \tag{8.11}$$

이제 마이크로파일이 제공하는 가용강도를 계산할 때 보수적으로 가정한다. 강도는 단면이 특정 지점에서 항복하기 시작하는 상태와 관련된 값으로 계산된다. 강재의 항복은 이 시점을 넘어 계속될 수 있다. 그러나 이 강도 증가는 여기서 고려되지 않는다. 항복이 시작되는 위치는 Von Mises 응력의 최댓값을 제공하는 좌표 z로 표현된다.

$$\sigma^2 + 3\tau^2 = \left(\frac{E}{b}\cos\mu - \frac{6EZ}{b^2}\sin\mu\right)^2\delta^2 + 27\left(\frac{Ed}{b^3}\delta\sin\mu\sqrt{d^2 - 4z^2}\right)^2 \tag{8.12}$$

여기서, 수직 및 전단응력에 대한 식 (8.9)와 (8.11)이 도입되었다.

그림 8.11은 표 8.2의 괄호 안에 표시된 마이크로파일 물성치와 단위변위에 대하여 P점(그림 8.9)에서 단면을 따라 σ_N, σ_M 및 τ의 분포를 보여준다. 마이크로파일의 경사는 10°이고 강재의 탄성계수는 210 GPa이다. 붕괴 형상(그림 A8.3 참조)을 정의하는 두 개의 각도 α가 고려되었다(50° 및 70°).

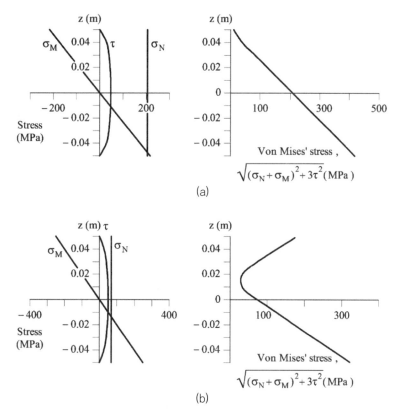

그림 8.11 (a) $\alpha = 50°$와 (b) $\alpha = 70°$(각도 α는 그림 8.9a에 정의됨)에 대한 마이크로파일 단면의 수직 및 전단응력과 Von Mises 응력

표 8.2 마이크로파일 보강의 물성치 범위(La Floresta 터널에 적용된 엄브렐라 공법의 설계값이 괄호 안에 표시됨)

물성치	기호	단위	범위 (La Floresta)
보의 직경	d	m	0.04-0.12 (0.1)
보의 두께	t	m	0.003-0.011 (0.01)
마이크로파일 간격	s	m	0.2-1 (0.2)
강재의 강도	σ_e	MPa	200-500 (400)
토사의 비배수 강도	c_u	MPa	0.03-0.5 (0.07)
터널 직경	D	m	2-12 (6)

τ의 값은 단면 중앙에서 최댓값에 도달한다. 그러나 가장 위험한 위치($z = -R$)에서의 τ와 비교할 때 높은 인장응력을 나타낸다. $\sigma^2 + 3\tau^2$가 $z = -R$에서 최댓값에 도달한 것으로 나타났다. 마이크로파일의 인장응력은 주로 휨모멘트로 인해 발생한다. 그러나 이 결론은 우리가 고려하고 있는 특정 문제와 관련이 있다. 이는 마이크로파일의 특정 단면(상대적으로 얇은 두께를 갖는 강관)과 재하된 하중 메커니즘과 관련이 있다.

$z = -R$ 위치에서 전단 및 수직응력(식 (8.9) 및 (8.11))이 계산되고 Von Mises의 기준(식 (8.3))이 적용되면, 마이크로파일 단면에서 소성이 시작될 때의 변위 δ는 다음과 같이 유도된다.

$$\delta = \frac{\sigma_e b}{E} \frac{1}{\sqrt{f(d/b, \mu)}} \tag{8.13}$$

여기서, $f(d/b, \mu)$는 d/b 비와 마이크로파일과 상부의 활동쐐기($\mu = \alpha - \eta$ 그림 8.9a 참조)의 상대적인 방향의 함수이고 다음과 같이 계산된다.

$$f(d/b, \mu) = 6\cos\mu\sin\mu(d/b) + 9\sin^2\mu(d/b)^2 + \cos^2\mu \tag{8.14}$$

식 (8.13)에 주어진 δ값을 식 (8.5)와 (8.6)(식 (8.7)을 고려하여)으로 대체하면, 점 P에서 활동메커니즘에서 마이크로파일에 의해 가해지는 전단력과 인장력을 계산할 수 있다.

$$N = \sigma_e td\pi \frac{\cos\mu}{\sqrt{f(d/b, \mu)}} \tag{8.15}$$

$$Q = \frac{3}{2}\sigma_e tb\pi(d/b)^3 \frac{\sin\mu}{\sqrt{f(d/b, \mu)}} \tag{8.16}$$

8.3.2 빔 - 보강 붕괴 메커니즘 분석

소성의 상계정리는 부록 8.2에 자세히 설명된 방식으로 적용되었다. 비배수, 평면 변형 조건에서 두 쐐기의 기본해석은 먼저 보강된 경우에 대하여 유도되었다. 붕괴 메커니즘의 내부 경계에 있는 마이크로파일에 의해 작용하는 수직 및 전단 저항력(식 (8.15) 및 (8.16))은 외력으로 도입되었다. N과 Q가 메커니즘의 기하구조에 의존하므로 최소화 과정이 더 필요하다.

소성의 상계정리를 적용하려면 소성 외부일의 계산이 필요하며, 이는 내부 소산일과 같다. 부록 8.2에 자세히 설명된 이 과정은 다음 방정식으로 이어진다.

$$\frac{(\sigma_s - \sigma_T)}{c_u} - \frac{1}{\tan\alpha}\left(\frac{4C}{D} + 1\right) - \tan\alpha + \frac{\gamma D}{c_u}\left(\frac{C}{D} + \frac{1}{2}\right) -$$

$$\frac{\sigma_e t d}{c_u s D} \frac{2\pi\cos\alpha\left\{\cos^2\mu + \frac{3}{2}\left(\frac{d}{b}\right)^2\sin^2\mu\right\}}{\sqrt{f\left(\frac{d}{b}, \mu\right)}} = 0 \tag{8.17}$$

위 방정식을 만족시키는 모든 매개변수 조합으로 붕괴 메커니즘을 설명할 수 있다. 첫 번째 3개의 항은 보강이 없는 상한을 나타낸다. 보강은 강재의 인장강도(σ_e), 강관 보강재의 직경(d) 및 두께(t), 지반의 비배수 강도(c_u), 마이크로파일 간격(s), 터널 직경(D) 등을 결합한 무차원계수 $\sigma_e t d / c_u s D$로 표현된다. 이 무차원계수를 '마이크로파일 계수'로 명명하기로 한다.

정규화된 응력차 $(\sigma_S - \sigma_T)/c_u$에 대한 해를 구하면 다음과 같은 상계정리식을 구할 수 있다.

$$\frac{(\sigma_s - \sigma_T)}{c_u} \leq \frac{1}{\tan\alpha}\left(\frac{4C}{D} + 1\right) + \tan\alpha - \frac{\gamma D}{c_u}\left(\frac{C}{D} + \frac{1}{2}\right) +$$

$$\frac{\sigma_e t d}{c_u s D} \frac{\pi\cos\alpha\left\{2\cos^2\mu + 3\left(\frac{d}{b}\right)^2\sin^2\mu\right\}}{\sqrt{f\left(\frac{d}{b}, \mu\right)}} \tag{8.18}$$

이 경우, 최소의 상계해를 가지는 임계 메커니즘을 얻기 위해 각도 α에 대해 오른쪽의 항이 최소화되도록 한다. μ는 α의 함수이다. 이 해를 구하는 과정은 부록 8.2에서 확인할 수 있다.

보강이 없는 경우 Davis et al.(1980)이 제안한 상계해는 그림 8.12에 나타난 방식으로 표현될 수 있다. 이 그래프에서 다양한 강도비 $\gamma D/c_u$에 대하여 각도 α에 대한 $(\sigma_S - \sigma_T)/c_u$의 최솟값과 토피고 비 C/D의 관계를 나타내었다. 이러한 표현은 나중에 유도되는 보강 case를 다룰 때 더 편리하므로 여기서는 Davis et al.(1980)에 의해 선택된 안정성 비 N보다 선호된다 (강도가 불균질한 지층에 대한 해를 제안한 Augarde et al.(2003)도 같은 표현을 사용하였다). 무보강 경우에 대한 임계각 α는 그림 8.15에 나타나 있다.

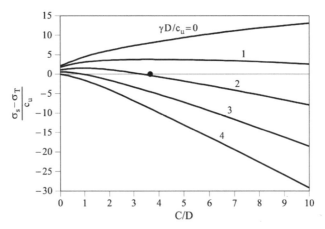

그림 8.12 무보강 터널 굴착면에 대한 상계해. 평면 변형, 비배수 조건(Davis et al., 1980에 의해 제안된 결과에 기초). 검은 점은 Floresta 동터널의 상태를 나타낸다.

보강된 터널 굴착면에 대한 해는 유사한 방식으로 얻을 수 있다. 이 경우 식 (8.20)의 마지막 항의 유도가 필요하다(부록 8.2 참조).

표 8.2에서 실제 터널보강에 사용되는 마이크로파일의 일반적인 제원 및 물성치가 제시되었다. 무차원 매개변수 $\sigma_e td/c_u sD$를 정의하는 다른 물성치도 포함되었다. 제시된 물성치는 현재 일반적으로 사용되는 값의 범위를 나타낸다. 무차원 파라미터 $\sigma_e td/c_u sD$의 계산값은 극단적으로 0.1(낮은 보강)에서 500(높은 보강) 사이일 수 있다. 그림 8.13과 8.14는 $\sigma_e td/c_u sD$

의 두 값 5와 40에 대한 $(\sigma_S - \sigma_T)/c_u$의 상한값을 나타내고 있다. 마이크로파일의 '클램핑' 단면 (고정단)까지의 거리 b는 마이크로파일 직경의 5배로 가정한다 (이 가정에 대해서는 나중에 더 설명될 것이다). 추가로 수평에 대한 마이크로파일의 설치경사 $\eta = 10°$, 강재의

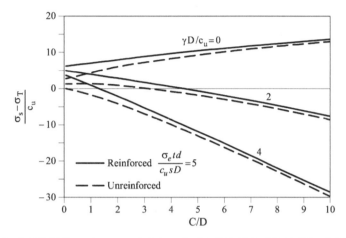

그림 8.13 보강된 터널 굴착면($\sigma_e td/c_u sD = 5$)과 무보강 터널 굴착면에 대한 상계해. 평면 변형, 비배수 조건 ($d/b = 0.20$)

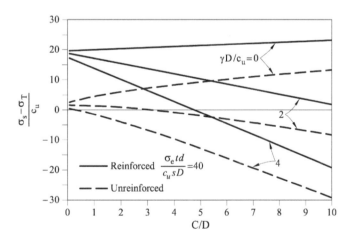

그림 8.14 보강된 터널 굴착면($\sigma_e td/c_u sD = 40$)과 무보강 터널 굴착면에 대한 상계해. 평면 변형, 비배수 조건 ($d/b = 0.20$)

탄성계수는 210GPa로 가정하였다. $(\sigma_S - \sigma_T)/c_u$의 상한값은 보강되지 않은 경우와 마찬가지로 $\gamma D/c_u$와 C/D값에 의존한다. 보강효과를 좀 더 시각화하기 위해 보강되지 않은 경우도 그림 8.13 및 8.14에 함께 도식하였다. 무차원 파라미터 $\sigma_e td/c_u sD$와 C/D값의 변화에 대한 임계각 변화는 그림 8.15에 나타나 있다.

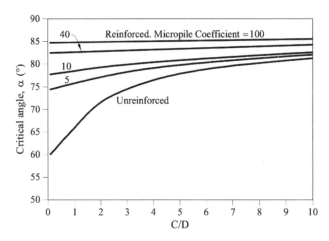

그림 8.15 무보강 및 보강 조건$(d/b=0.2)$에서 임계각 α의 변화

표준 해와 비교할 때 보강은 더 넓은 쐐기(높은 α 값)를 만든다.

지금까지 유도된 해는 마이크로파일의 역할을 알고 있다고 가정할 때의(식 (8.16)) 파괴 메커니즘의 형태에 대하여 외부 '하중'$(\sigma_S - \sigma_T)/c_u$를 최소화하였다. 그러나 파괴 메커니즘에 마이크로파일에 의해 가해지는 수직 및 전단력 또한 외부하중이며, 나머지 외부하중을 알고 있다고 가정할 때 임계 마이크로파일의 안정화 역할에 대해서도 상계정리를 적용할 수 있다. 실제로 마이크로파일 계수는 식 (8.17)에서 분리할 수 있다.

$$\frac{\sigma_e td}{c_u sD} \leq \frac{\sqrt{f\left(\frac{d}{b},\mu\right)}\left[\frac{(\sigma_S - \sigma_T)}{c_u} - \frac{1}{\tan\alpha}\left(\frac{4C}{D}+1\right) - \tan\alpha + \frac{\gamma D}{c_u}\left(\frac{C}{D}+\frac{1}{2}\right)\right]}{2\pi\cos\alpha\left[\cos^2\mu + \frac{3}{2}\left(\frac{d}{b}\right)^2\sin^2\mu\right]} \quad (8.19)$$

이 경우 마이크로파일에 의한 최대 지지효과를 나타내는 붕괴 메커니즘을 얻기 위해 α에 대한 $\sigma_e t d/c_u s D$의 최댓값을 찾을 수 있다. 마이크로파일의 역학적 물성치가 이보다 낮을 경우 붕괴가 일어난다.

$(\sigma_S - \sigma_T)/c_u = 0$인 특별한 case에 대하여 C/D와 $\gamma D/c_u$의 변화에 대한 마이크로파일 계수의 임계값 변화가 그림 8.16과 8.17(마이크로파일 계수가 log 스케일)에 나타나 있다. 이 경우는 전면 무보강 터널(open face tunnelling, La Floresta 터널의 경우도 해당)에서 특히 중요하다.

한편, 터널 굴착면의 마이크로파일 안정화는 실제로 전면 무보강 터널에서 주로 적용된다. 이 경우 $d/b = 0.20$이 고려되었다.

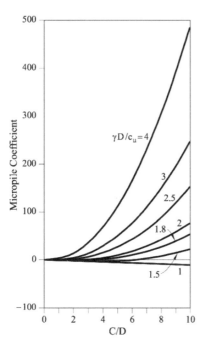 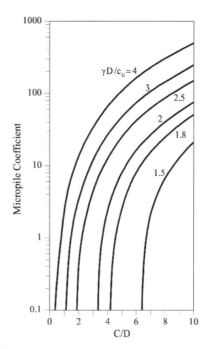

그림 8.16 마이크로파일 계수의 상계해. 평면 변형, 비 배수 조건$(\sigma_S - \sigma_T)/c_u = 0$ 및 $d/b = 0.20$

그림 8.17 마이크로파일 계수의 상계해. 평면 변형, 비 배수 조건$(\sigma_S - \sigma_T)/c_u = 0$ 및 $d/b = 0.20$. 로그 스케일 마이크로파일 계수

그림 8.16과 8.17의 그래프는 마이크로파일 계수를 직접 찾을 수 있으므로 마이크로파일 엄브렐라 공법 설계 시 특히 유용하다. 마이크로파일 계수는 $\gamma D/c_u$ 값이 작을 경우(c_u가 γD에 비해 큰 경우: 지반강도가 크거나 터널 직경이 작은 경우) 음의 값을 나타낸다. 음의 값은 단순히 안정화를 위해 마이크로파일 엄브렐라 공법의 적용이 필요하지 않다는 것을 의미한다.

그림 8.13과 8.14, 그림 8.16과 8.17에 나와 있는 상계정리에 기초하여 개발된 두 경우는 일치한다. 이를 보여주기 위해 다음 예를 고려해본다. $C/D = 8$이고 $\gamma D/c_u = 2$인 터널 굴착면 은 마이크로파일 엄브렐라아치로 안정화되어야 한다. 그림 8.16 또는 8.17($d/b = 0.20$의 경우) 으로부터 마이크로파일 설계는 $\sigma_e t d/c_u s D = 40$을 만족해야 한다는 것을 즉시 알 수 있다. $\sigma_e t d/c_u s D = 40$에 해당하는 그림 8.14로부터 $C/D = 8$, $\gamma D/c_u = 2$일 경우 $(\sigma_S - \sigma_T)/c_u = 0$ 이며, 이는 그림 8.16과 8.17의 그래프의 가정조건과 일치한다. 특히 실제 확인되는 $\gamma D/c_u$ 매개변수의 일반적인 범위에 대한 낮은 값의 마이크로파일 계수에 대하여 그림 8.17은 보다 높은 정확성을 가지고 있다.

8.3.3 클램핑 상대거리(relative clamping distance, *d/b*)의 효과

클램핑 거리 b(그림 8.9)의 추정은 탄성 반공간에 매립된 수평하중과 두부 모멘트를 받는 말뚝이론으로부터 구할 수 있다. 이 문제는 Poulos & Davis(1980) 책에 설명되어 있다. 산정식 은 다음과 같이 정의된 '파일연성계수(pile flexibility factor, K_R)'에 의존한다.

$$K_R = \frac{E_p I_p}{E_s L^4} \tag{8.20}$$

여기서, E_p와 E_s는 각각 말뚝과 지반의 탄성계수이며, I_p과 L은 각각 마이크로파일의 관성 모멘트와 길이이다. 일반적인 값($E_p = 210,000$ MPa; $I_p = 100 \sim 1,000$ cm^4, $E_s = 10^2 \sim 10^3$ MPa, $L = 3 \sim 10$ m)을 대입하면 K_R의 결과값은 매우 작다($10^{-6} \sim 10^{-8}$). 이는 매우 '연성(flexible)'인

파일에 해당한다. 수평하중과 모멘트를 받는 연성파일에서 파일 변위는 헤드 부근에 국한된다(몇 가지 산정식이 Poulos & Davis, 1980에 나와 있다). 따라서 몇 개의 파일 직경에 대해서 거리 b는 상대적으로 작다고 할 수 있다.

같은 문제에 대한 또 다른 고전적인 산정식은 지반반력계수 k의 개념(Poulos & Davis, 1980)으로부터 유도된다. 폭 d, 관성 모멘트 I_p, 탄성계수 E_p인 보의 '탄성길이(elastic length)'는 다음과 같다.

$$L_{el} = \sqrt[4]{\frac{4E_pI_p}{kd}} \tag{8.21}$$

Terzaghi(1955)는 $k \cdot d$와 지반의 비배수 강도의 관계식을 제안하였다.

$$kd = 66.7c_u \tag{8.22}$$

마이크로파일 보강(표 8.2)에 대한 일반적인 값을 식 (8.21)에 대입하면, 중간에서 단단한 점성토에 대한 L_{el}의 값은 75~125 cm 범위이다. 한편, 수평하중을 받는 파일에서는 최대 모멘트가 $L_{el}/2$ 및 $L_{el}/3$ 정도의 깊이에서 발생한다. 따라서 d/b는 전형적으로 0.2~0.1의 범위일 것이다.

클램핑 거리의 다른 값에 대한 마이크로파일 계수에 대한 추가 산정식을 찾았다. 그 값은 d/b=0.10에 대해서는 그림 8.18에, d/b=0.05에 대해서는 그림 8.19에 나타내었다.

상대적 클램핑 거리(relative clamping distance) d/b의 영향을 더 잘 평가하기 위해 그림 8.20은 $\gamma D/c_u$=3, 여러 가지 d/b에 대하여 C/D에 대한 마이크로파일 계수의 변화를 보여준다. d/b는 작은 것으로 나타난다.

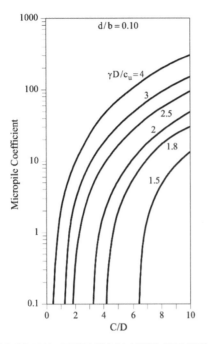

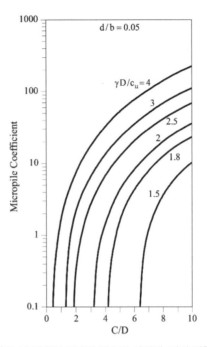

그림 8.18 마이크로파일 계수의 상계해, 평면 변형, 비배수. $(\sigma_S - \sigma_T)/c_u = 0$, $d/b = 0.10$

그림 8.19 마이크로파일 계수의 상계해, 평면 변형, 비배수. $(\sigma_S - \sigma_T)/c_u = 0$, $d/b = 0.05$

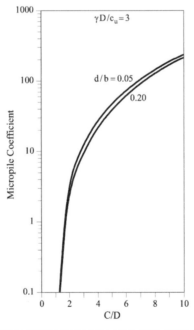

그림 8.20 마이크로파일 계수에 대한 클램핑 거리의 영향. 평면 변형, 비배수. $(\sigma_S - \sigma_T)/c_u = 0$, $\gamma D/c_u = 3$

8.4 La Floresta 터널 보강

먼저 불안정한 상황을 고려해보자. 동터널($C=22$ m, $D=6$ m)을 기준으로 검토한다(서터널의 서로 다른 두 붕괴사례는 유사한 규모이다). 그림 8.12에서 지표면과 터널 굴착면에 가해지는 응력이 없고, $(\sigma_S-\sigma_T)/c_u=0$, $C/D=3.66$(그림 8.12에서 점으로 표시)인 경우, 강도비 $\gamma D/c_u=1.90$을 얻는다. 토사의 단위중량 23 kN/m³에 대해 터널 굴착면 붕괴가 발생될 수 있는 비배수 강도는 $c_u=\gamma D/1.90=72.6$ kPa이다. 현장 비배수 강도로 고려할 수 있는 이 값은 Davis et al.(1980) 산정식에 근거하여 표 8.1에 주어졌다.

이제 굴착면에 적용된 보강재를 고려해보자. 굴착면 붕괴에 대한 안전율 SF를 계산하는 것이 필요하다. 안전율은 일반적으로 현장 전단강도와 설계조건에서 평형에 필요한 전단강도의 비율로 정의된다.

후자는 상계정리를 적용하여 산정할 수 있다. 마이크로파일 계수와 강도비는 모두 평형에 필요한 c_u값(사실 상계정리의 적용에 의해 제공되는 값)에 의존하므로 분리될 수 없으므로 안전율의 계산은 반복계산이 필요하다. 먼저 $SF=1.1$로 가정하면 강도는 $c_u=72.6/1.1=66$ kPa로 계산된다. 다음으로 표 8.2로부터 마이크로파일 계수는 5로 계산된다. 그림 8.17로부터 $d/b=0.20$, $C/D=3.66$인 경우 강도비 $\gamma D/c_u=2.2$가 산정되고, 따라서 비배수 강도 $c_u=23\times6/2.2=62$ kPa이며, 66 kPa에 가깝다. 제안된 보강으로 안전율을 1.1 수준으로 유지하고 너무 낮다고 결론지을 수 있다.

물론 다른 기하학적 특성의 마이크로파일 엄브렐라 아치도 동일한 계수값을 나타낼 수 있다는 점에서 유일한 해는 아니다. 기타 현장 특성에 대한 고려사항(가용한 마이크로파일 튜브, 기존 천공장비의 천공직경, 마이크로파일의 적절한 간격 등)도 최종선택에 영향을 준다.

8.5 결과 토론

제시된 분석은 소성의 상계정리 적용에 의존한다. 최소화 프로세스에서 실제로 고려되는 힘은 저항력(터널 굴착면에 대한 응력 또는 마이크로파일에 의해 야기된 저항력)이므로 붕괴 메커니즘에 반대되고 그 작용은 음의 일(정상적인 기초 사례에서 붕괴를 유발하는 외력과는 달리)이다. 이것은 '상계' 정리의 적용이 실제보다 작은 저항력을 유도하는 이유이며, 실제 지지력이 예측된 것보다 작기 때문에 상계정리가 '안전하지 않은' 극한하중을 생성하는 일반 기초와 마찬가지로 상계정리는 '안전하지 않은' 경계값을 제공한다.

추가적인 한계점은 해결된 문제의 2차원, 평면 변형 특성에서 비롯된다. 두 번째 가정은 보수적인 측면이지만, 3차원을 고려하는 것은 안정력의 감소를 의미한다.

또 다른 중요한 보수적인 측면은 마이크로파일 강재단면에 대한 한계분석이다. 보의 한계강도는 보의 가장 위험한 단면에 Von Mises 강도기준을 적용함으로써 얻는 것으로 가정하였다. 그러나 강재의 항복은 이 시점 이후에도 계속될 수 있지만 필요한 분석은 이 장의 목적을 벗어난다. 완전히 소성된 경우에 대한 강재의 강도한계의 증가는 여기서 계산된 값보다 15~17% 이상일 수 있다. 다른 한편에서는 그러한 개선작업이 문제해결에서의 여러 가지 한계점을 생각할 때 적절하지 않을 것이다.

추가적인 언급은 선택된 붕괴 메커니즘에 관한 것이다(그림 8.7). 붕괴 메커니즘은 비교적 간단한 것이지만 단순함에도 불구하고, 특히 마이크로파일의 작용을 고려하면, 대수연산이 상당히 복잡해진다(부록 8.2 참조).

8.6 대책 공법

터널 굴착면이 불안정해진 상태가 그림 8.21의 개요도에 표현하였다. 무질서한 토사와 같은 물질이 터널 내부로 침범하여 경사면 S(그림 8.21)를 만들면서 전방 공동 내부의 잔해물을 안정화시킨다. 터널의 굴착을 계속하기 위해 다음과 같은 일련의 작업을 채택할 수 있다.

1) 터널 내부의 잔해물을 제거하면 안된다. 터널 굴착면을 안정시키는 데 도움이 된다.
2) 잔해물의 표면에 숏크리트(S_c)를 적용하여(그림 8.21) 추가적인 지지력을 얻을 수 있다.

3) 전방 공동을 채우기 위해 정면(W)에 격벽 또는 벽을 만든다(그림 8.21).

4) 터널 내부에서 모르타르 또는 그라우트를 주입하여 전방 공동을 채운다. 저압 주입이 적절하다. 이러한 충전 및 주입 공정은 여러 단계를 거쳐 수행될 수 있다. 잔해물 D(그림 8.21)에도 개량된 재료를 만들기 위한 목적으로 주입해야 한다.

5) 잔해물이 안정화되고 강화되면 굴착작업을 재개할 수 있다.

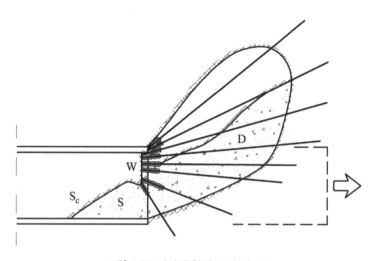

그림 8.21 터널 굴착면 붕괴 개요도

La Floresta 터널의 경우, 굴착면은 마이크로파일 엄브렐라 아치로 보호되었다. 이것은 비용이 많이 드는 절차이지만 비교적 짧은 길이로 적용하면 적절할 수 있다.

다른 가능한 방법(압성토, 굴착면 보강)은 그림 8.8에 스케치되어 있다. 시멘트 그라우트나 레진을 토사나 암반에 주입할 수 있다면, 전방의 지반이 개량될 것이다. 이 작업은 터널내부 또는 지표면에서 수행될 수 있다. 종종 배수공 설치와 함께 진행하는 전방 지반개량은 단층대를 교차하기 위해 사용되는 방법이다.

마지막으로, 연약지반을 굴착하는 고전적인 공법 중 이른바 벨기에와 독일 공법(Szechy, 1967)은 굴착면의 안정성 조건을 개선하는 대안이다. 이 공법은 앞서 언급된 일부 보강 또는 지반개량 공법과 결합될 수 있다.

8.7 사례 교훈

8.7.1 굴착면 불안정

터널 굴착면의 불안정성은 NATM 공법과 같이 굴착면 지지를 수행하지 않는 시공방법과 관련된 위험이다.

La Floresta 터널의 굴착면 붕괴는 궁극적으로 내부마찰각이 매우 낮은 지반처럼 거동하는 완전 풍화되고 균열이 매우 많은 고생대 셰일의 낮은 강도 때문인 것으로 설명되었다(붕괴를 해석하기 위해 '비배수' 조건을 사용하였다).

8.7.2 계산과정

현재 굴착면 불안정성 조건에 대한 2차원과 3차원 안정성 산정식은 잘 전개되었으며, 안전율을 추정하는 데 사용될 수 있다. 이 장에서는 소성의 상계정리를 적용한 고전적인 산정식에 대해 설명하였다. La Floresta의 경우, 동일한 지반에 대한 굴착면 붕괴 해석 및 갱구부 비탈면 활동으로부터 도출된 강도값은 상당히 일치하였다. 이 결과는 수행된 굴착면 안정성 분석에 대한 신뢰성을 높여주었다.

8.7.3 굴착면 안정화

이 장에서 언급한 개방형 터널의 굴착면을 안정화하기 위하여 다양한 공법을 사용할 수 있다. 그중에서도 마이크로파일 엄브렐라 아치를 설치하는 것이 자주 쓰이는 공법이다.

8.7.4 보강된 터널 굴착면의 안정성

소성의 상계정리는 제안된 터널 굴착면 불안정성 산정식으로 적절히 설명되지 않은 상황을 분석할 수 있게 해준다. 설계절차가 이 장에서 설명되었다. 1) 마이크로파일 각각의 한계저항 조건을 정의하고 2) 상계정리 공식 내에 마이크로파일의 지지력을 포함하는 두 가지 측면으로 접근한다.

마이크로파일 – 한계저항력은 철근보강의 기본 항복기준(Von Mises)으로부터 계산되었다. 그다음 상계 소성 산정식은 평면 변형, 비배수 조건에 대해 유도되었으며, 즉시 사용할 수 있는 그래프로 제시되었다.

8.7.5 안전율 추정

La Floresta 터널의 안정화에 실제로 적용된 보강과 관련된 안전율은 개발된 절차에 따라 '현장' 비배수 강도와 보강된 터널 굴착면의 평형에 필요한 비배수 강도를 비교함으로써 추정되었다. 이것은 본 사례에서 안전율을 정의하는 가장 간단한 방법일 것이며, 한계평형법에서 사용되는 일반적인 안전율 정의와 일치한다.

8.8 고급 주제

소성에 대한 경계정리(bound theorem of plasticity)는 배수 및 비배수 조건에서 터널 굴착면의 붕괴 상태를 결정하는 데 유용하다. Davis et al.(1980)은 이 장에서 설명된 평면 변형(비보강) 사례에 대한 경계를 결정했다. Kimura & Mair(1981)는 원심분리기 실험을 통해 무지보 길이(그림 8.7a의 P)의 영향을 검토하였다. Leca & Dormieux(1990)는 배수 조건(유효점착력과 마찰각을 가지는 지반)의 상한과 하한을 계산하였다. 그들은 운동학적 적합성(kinematically compatible)의 붕괴 메커니즘을 설명하기 위해 원뿔 형태의 강체블록을 사용하였다. 그들은 마찰각과 토피고 비(cover ratio)에 의존하는 계수의 관점에서 '지지력' 공식으로 산정식을 제시하였다. 또한 상계 산정식이 원심분리기 실험결과와 더 가깝다는 것을 발견하였다. 보다 연성의 파괴 메커니즘을 분석하면 상계 산정식을 개선할 수 있다. Sloan & Assadi(1994)는 상계, 비배수, 평면 변형 조건에서 5-자유도를 가진 파괴 메커니즘으로 설명한 산정식을 제안하였다.

이후 경계정리의 수치해석 적용에 근거한 절차가 발표되었다. Augarde et al.(2003)은 고전적인 2차원 비배수 사례를 재검토하여 매우 정확한 산정방법을 찾았다. 이 절차에서 파괴 메커니즘은 산정식의 일부이다. Leca et al.(1997)은 상계정리를 이용하여 조밀한 볼트를 적용한 터널전방 보강의 효과를 연구하였다(그림 8.8b).

또 다른 계산방법은 한계평형법을 사용하는 것이며, Anagnostou & Kovari(1996)는 '지지력' 공식으로 제시하였다.

터널 굴착면 안정성을 검토(대부분 3차원 조건)하기 위해 FEM 및 DEM이 광범위하게 사용되었다(Vermeer et al., 2002; Ng & Lee, 2002; Galli et al., 2003; Yoo & Shin, 2003; Melis & Medina, 2005). 그중에서도 Vermeer et al.(2002)은 'c, ϕ 감소법'을 사용하여 굴착면의 파괴조건을 결정하고, 그래프와 '지지력' 공식의 안정계수를 산정하는 간편식을 이용하여 즉시 사용이 가능한 배수 조건에 대한 3차원 산정식을 제안하였다. 대부분의 논문에서 설명된 수치해석 기법을 이용한 민감도 분석은 터널 굴착면 붕괴 메커니즘과 조밀한 볼트를 이용한 터널전방 보강 효과를 더 잘 설명하고 있다.

부록 8.1 Von Mises 항복기준

Von Mises 항복면은 다음 식으로 정의된다.

$$F(\sigma) = \sqrt{3J_2'} - \sigma_e = 0 \tag{A8.1}$$

여기서, σ_e는 재료의 탄성한계이고 J_2'는 다음과 같이 표현되는 축차응력텐서의 2차 invariant 이다.

$$\begin{bmatrix} \sigma_x - \sigma_m & \tau_{xy} & \tau_{xy} \\ \tau_{xy} & \sigma_y - \sigma_m & \sigma_{yz} \\ \tau_{xz} & \tau_{yz} & \sigma_z - \sigma_m \end{bmatrix} \tag{A8.2}$$

여기서, σ_m은 평균 응력, $\sigma_m = (\sigma_x + \sigma_y + \sigma_z)/3$ 이다. J_2'는 주응력공간 $(\sigma_1, \sigma_2, \sigma_3)$ 에서 정수압축까지의 응력점의 거리를 정의하며, 다음과 같이 octaedric 전단응력과 관련될 수 있다.

$$J_2' = \frac{3}{2}\tau_{oct} = \frac{\sqrt{3}}{2}\left[\sigma_1{}^2 + \sigma_2{}^2 + \sigma_3{}^2 - \frac{1}{3}(\sigma_1 + \sigma_2 + \sigma_3)^2\right] \tag{A8.3}$$

식 (A8.2)를 식 (A8.1)에 적용하면, Von Mises 항복면은 다음과 같다.

$$F(\sigma) = \frac{1}{\sqrt{2}}\left[(\sigma_1 - \sigma_2)^2 + (\sigma_2 - \sigma_3)^2 + (\sigma_3 - \sigma_1)^2\right] - \sigma_e^2 = 0 \tag{A8.4}$$

Von Mises 기준은 J_2'의 함수로만 정의된다. 항복면의 모든 응력점은 같은 값의 J_2'을 갖는다. $J_2' = $ 일정인 조건은 정수압축인 실린더로 정의된다. 그림 A8.1은 주응력공간 식 (A8.4)에서 항복면을 보여준다.

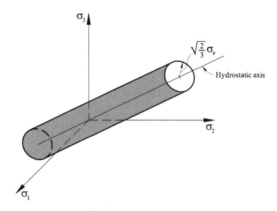

그림 A8.1 Von Mises 기준

이제 평면 단면의 응력점을 고려해보자. 이것은 휨모멘트뿐만 아니라 수직 및 축차력을 받는 보이다(그림 A8.2). 응력텐서와 축차응력 텐서는 다음과 같다.

$$\sigma = \begin{bmatrix} \sigma_x & \tau_{xy} & 0 \\ \tau_{xy} & 0 & 0 \\ 0 & 0 & 0 \end{bmatrix} \tag{A8.5}$$

$$\sigma' = \begin{bmatrix} \dfrac{2}{3}\sigma_x & \tau_{xy} & 0 \\ \tau_{xy} & -\dfrac{1}{3}\sigma_x & 0 \\ 0 & 0 & -\dfrac{1}{3}\sigma_x \end{bmatrix} \tag{A8.6}$$

J_2'는 다음과 같다.

$$J_2' = \frac{1}{3}\sigma_x{}^2 + \tau_{xy}{}^2 \tag{A8.7}$$

최종적으로 Von Mises 항복면(식 (A8.1))은 다음과 같이 표현된다.

$$F(\sigma) = \sqrt{\sigma_x{}^2 + 3\tau_{xy}{}^2} - \sigma_e = 0 \tag{A8.8}$$

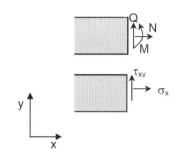

그림 A8.2 보의 평면 단면에서 힘과 응력

부록 8.2 무보강 및 보강터널 굴착면의 상계해

부록 8.2.1 무보강 굴착면

이 case는 이 장에서 고려된 보다 일반적인 case(강화된 면)에 대한 개요로서 개발되었다. 소성 붕괴의 상계정리(Atkinson, 1981)는 다음과 같다.

"변위증분을 일으키는 외부하중에 의해 수행되는 일의 증분이 내부응력에 의해 수행된 일과 동일한 소성붕괴 메커니즘과 외부일이 있는 경우, 붕괴가 발생하고 외부하중은 실제 붕괴하중의 상한계이다."

정리는 다음 단계를 통해 적용된다.

• 운동학적으로 적합되는 가상 파괴 메커니즘을 선택한다. 일반적인 방법은 움직이는 지반을 불연속성면으로 둘러싸인 강체로 나누는 것이다. 일은 서로 다른 변위가 적용되는 불연속면에서만 수행된다.

- 가상변형 메커니즘으로 인해 내부에서 소산된 일이 계산된다. 비배수 조건에서 단위 불연속면 길이당 소산된 일은 $c_u \delta_w$ 이며, 여기서 c_u 는 비배수 강도이고 δ_w 는 가상 차별 변위이다.

- 가정된 가상 파괴 메커니즘에 의해 변위가 발생한 경우 외부힘에 의해 수행된 일이 계산된다.

- 외부 및 내부일이 동일하다. 방정식을 통해 외력에 대한 식을 계산할 수 있다. 그것들은 메커니즘을 정의하는 기하학적 매개변수의 함수이다.

- 그런 다음 가상 메커니즘을 정의하는 기하학적 매개변수에 대한 최소화 프로세스가 수행된다. 가장 위험한 (임계의) 메커니즘을 정의하는 매개변수가 계산된다. 이러한 매개변수는 다시 임계상태의 외력을 정의한다. 이 힘은 실제 파괴하중의 상한계이다. 실제에 더 가깝고(다양한 기하학적 구성을 채택할 수 있는 기능성 측면에서) '높은 유연성'이 부여되는 메커니즘이 실제 파괴하중에 더 가까운 상한계를 구한다.

그림 A8.3에서 선택된 파괴 메커니즘의 평면 변형률 구조를 고려하여 보자. 그림 A8.3의 파괴 메커니즘의 구조는 길이 C(터널 토피고)와 D(터널 직경)와 세 각도(α, β, δ)로 정의된다. 문제를 단순화하기 위해 각도 $\delta = 90°$인 것으로 가정한다. 선택된 메커니즘의 외부하중은 각각 지표면과 터널 굴착면에 작용하는 응력 σ_S 및 σ_T와 파괴 메커니즘에서 고려된 두 웨지의 무게 W_1 및 W_2로 정의된다. 인터페이스에서의 상대변위 δ_{w_1}, δ_{w_2}, δ_{w_3}는 거동의 운동학적 특성을 정의한다. 그것들은 그림 A8.4에 그림으로 표현된 지점 A에서의 적합조건을 만족시켜야 한다. 다이어그램으로부터 다음 식을 얻을 수 있다.

$$\delta_{w_2} = \frac{\delta_{w_1}}{\sin\theta} \qquad \delta_{w_3} = \frac{\delta_{w_1}\cos\theta}{\sin\theta} \tag{A8.9}$$

여기서, $\theta = 180° - \alpha - \beta$이다.

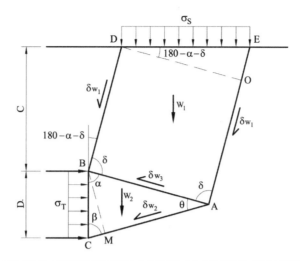

그림 A8.3 상계 계산을 위한 파괴 메커니즘: 무보강면, 평면 변형률

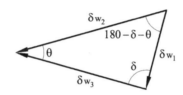

그림 A8.4 점 A의 변위 (속도) 다이어그램

외부일은 다음과 같이 표현될 수 있다(기호는 그림 A8.3에 나와 있다).

$$W_{\text{ext}} = \gamma Area_{ABDE}\,\delta_{w_1}\sin\alpha + \gamma Area_{ABC}\,\delta_{w_2}\cos\beta$$
$$+ \sigma_S L_{DE}\,\delta_{w_1}\sin\alpha - \sigma_T D\delta_{w_2}\sin\beta \tag{A8.10}$$

마지막 항의 부호는 응력 σ_T과 변위 δ_{w_2}가 서로 반대방향이기 때문이다.

내부 소산일은 다음과 같이 계산된다.

$$W_{\text{int}} = c_u\left[\left(L_{BD}+L_{AE}\right)\delta_{w_1}+L_{AC}\,\delta_{w_2}+L_{AB}\,\delta_{w_3}\right] \tag{A8.11}$$

다음 기하학적 관계는 외부일과 내부일의 식을 계산하는 데 도움이 된다.

길이:

$$L_{BD} = \frac{C}{\sin\alpha} \qquad\qquad\qquad\qquad (A8.12a)$$

$$L_{BM} = D\sin\beta \qquad\qquad\qquad\qquad (A8.12b)$$

$$L_{CM} = D\cos\beta \qquad\qquad\qquad\qquad (A8.12c)$$

$$L_{AB} = L_{DO} = D\frac{\sin\beta}{\sin\theta} \qquad\qquad\qquad\qquad (A8.12d)$$

$$L_{AM} = D\frac{\sin\beta\cos\theta}{\sin\theta} \qquad\qquad\qquad\qquad (A8.12e)$$

$$L_{AC} = D\left(\frac{\sin\beta\cos\theta}{\sin\theta} + \cos\beta\right) \qquad\qquad\qquad\qquad (A8.12f)$$

$$L_{DE} = D\frac{\sin\beta}{\sin\theta\sin\alpha} \qquad\qquad\qquad\qquad (A8.12g)$$

$$L_{EO} = D\frac{\sin\beta\cos\alpha}{\sin\theta\sin\alpha} \qquad\qquad\qquad\qquad (A8.12h)$$

$$L_{AE} = D\frac{\sin\beta\cos\alpha}{\sin\theta\sin\alpha} + \frac{C}{\sin\alpha} \qquad\qquad\qquad\qquad (A8.12i)$$

면적:

$$
\begin{aligned}
Area_{ABCD} &= L_{AB}L_{BD} + \frac{L_{EO}L_{DO}}{2} \\
&= DC\frac{\sin\beta}{\sin\theta\sin\alpha} + \frac{1}{2}D^2\frac{(\sin\beta)^2\cos\alpha}{(\sin\theta)^2\sin\alpha}
\end{aligned}
\qquad (A8.13)
$$

$$Area_{ABC} = \frac{1}{2}L_{AC}L_{BM} = D^2\sin\beta\left(\frac{\sin\beta\cos\theta}{\sin\theta} + \cos\beta\right) \qquad (A8.14)$$

식 (A8.12), (A8.13), (A8.14)은 일의 방정식이다.

$$W_{\text{int}} = c_u \Big[(L_{BD} + L_{AE}) \delta_{w_1} + L_{AC} \delta_{w_2} + L_{AB} \delta_{w_3} \Big]$$

$$= c_u \delta_{w_1} \left[\frac{2C}{\sin\alpha} + D \left(\frac{\sin\beta\cos\alpha}{\sin\theta\sin\alpha} + \frac{2\sin\beta\cos\theta}{(\sin\theta)^2} + \frac{\cos\beta}{\sin\theta} \right) \right] \quad \text{(A8.15)}$$

$$W_{\text{ext}} = \gamma Area_{ABCD} \delta_{w_1} \sin\alpha + \gamma Area_{ABC} \delta_{w_2} \cos\beta + \sigma_S L_{DE} \delta_{w_1} \sin\alpha - \sigma_T D \delta_{w_2} \sin\beta$$

$$= \delta_{w_1} \gamma \left(DC \frac{\sin\beta}{\sin\theta} + \frac{1}{2} D^2 \frac{(\sin\beta)^2 \cos\alpha}{(\sin\theta)^2} \right)$$

$$+ \delta_{w_1} \gamma D^2 \sin\beta \left(\frac{\sin\beta\cos\theta}{\sin\theta} + \cos\beta \right) \frac{\cos\beta}{\sin\theta} + \delta_{w_1} \sigma_S D \frac{\sin\beta}{\sin\theta} - \delta_{w_1} \sigma_T D \frac{\sin\beta}{\sin\theta}$$

$$= \delta_{w_1} \left[\gamma \left(DC \frac{\sin\beta}{\sin\theta} + \frac{1}{2} D^2 \frac{(\sin\beta)^2 \cos\alpha}{(\sin\theta)^2} \right) + \right.$$

$$\left. \gamma D^2 \frac{\sin\beta\cos\theta}{\sin\theta} \left(\frac{\sin\beta\cos\theta}{\sin\theta} + \cos\beta \right) \right] + (\sigma_S - \sigma_T) D \frac{\sin\beta}{\sin\theta}$$

$$\text{(A8.16)}$$

식 (A8.15)과 (A8.16)이 같다고 하면,

$$c_u \left[\frac{2C}{\sin\alpha} + D \left(\frac{\sin\beta\cos\alpha}{\sin\theta\sin\alpha} + \frac{2\sin\beta\cos\theta}{(\sin\theta)^2} + \frac{\cos\beta}{\sin\theta} \right) \right]$$

$$= \gamma \left(DC \frac{\sin\beta}{\sin\theta} + \frac{1}{2} D^2 \frac{(\sin\beta)^2 \cos\alpha}{(\sin\theta)^2} \right) \quad \text{(A8.17)}$$

$$+ \gamma D^2 \frac{\sin\beta\cos\beta}{\sin\theta} \left(\frac{\sin\beta\cos\theta}{\sin\theta} + \cos\beta \right) + (\sigma_S - \sigma_T) D \frac{\sin\beta}{\sin\theta}$$

$\sigma_S \geq \sigma_T$인 경우 식 (A8.17)은 C, D, c_u와 각도 α 및 β의 함수로서 $(\sigma_S - \sigma_T)$에 대한 상한계를 제공한다. C/D, $\gamma D/c_u$ 및 $(\sigma_S - \sigma_T)/c_u$와 같은 무차원 변수를 도입하는 것이 편리하다. 그러면 상한 정리는 다음과 같다.

$$\frac{(\sigma_S - \sigma_T)}{c_u} \geq \frac{2C\sin\theta}{\sin\alpha\sin\beta} + \left(\frac{\cos\alpha}{\sin\alpha} + \frac{2\cos\theta}{\sin\theta} + \frac{\cos\beta}{\sin\beta}\right) -$$
$$\frac{\gamma}{c_u}\left(C + \frac{1}{2}D\frac{\sin\beta\cos\alpha}{\sin\theta}\right) - \frac{\gamma D}{c_u}\cos\beta\left(\frac{\sin\beta\cos\theta}{\sin\theta} + \cos\beta\right) \tag{A8.18}$$

α와 β에 대한 (A8.18)의 최소화는 정의된 붕괴 메커니즘에 대한 $(\sigma_S - \sigma_T)/c_u$의 상한값의 최솟값을 제공한다. $\alpha = \beta$ 조건으로 주어진 더 제한된 메커니즘을 가정하여 추가적인 단순화가 도입되었다. 간단한 계산을 통해 외부 및 내부일에 대한 다음과 같은 표현을 얻을 수 있다.

$$W_{\text{int}} = c_u\delta_{w_1}\frac{D}{\sin\alpha}\left[\frac{2C}{D} + \frac{1}{2} + \frac{(\sin\alpha)^2}{2(\cos\alpha)^2}\right] \tag{A8.19}$$

$$W_{\text{ext}} = \delta_{w_1}\frac{D}{2\cos\alpha}\left[\gamma D\left(\frac{C}{D} + \frac{1}{2}\right) + (\sigma_S - \sigma_T)\right] \tag{A8.20}$$

두 일의 방정식이 같다고 놓으면, 다음과 같은 상계식이 구해진다.

$$\frac{(\sigma_S - \sigma_T)}{c_u} \leq \left(\frac{4C}{D} + 1\right)\frac{1}{\tan\alpha} + \tan\alpha - \frac{\gamma}{c_u}D\left(\frac{C}{D} + \frac{1}{2}\right) \tag{A8.21}$$

(A8.21)의 최솟값을 찾기 위해 α에 대한 미분값은 0과 같다고 놓는다.

$$\frac{\partial}{\partial\alpha}\left[\frac{(\sigma_S - \sigma_T)}{c_u}\right] = 0$$
$$\Rightarrow \frac{\partial}{\partial\alpha}\left[\frac{4C}{D\tan\alpha} + \frac{1}{\tan\alpha} + \tan\alpha - \frac{\gamma D}{c_u}\left(\frac{C}{D} + \frac{1}{2}\right)\right] = 0 \tag{A8.22}$$
$$\Rightarrow \tan\alpha = \sqrt{1 + \frac{4C}{D}} = 2\sqrt{\frac{1}{4} + \frac{C}{D}}$$

(A8.21)에서 이 값을 대체하면 상한계는 다음과 같이 얻을 수 있다.

$$\frac{(\sigma_S - \sigma_T)}{c_u} \le 4\sqrt{\frac{1}{4} + \frac{C}{D}} - \frac{\gamma D}{c_u}\left(\frac{C}{D} + \frac{1}{2}\right) \tag{A8.23}$$

더 번거로운 대수 조작을 통해서, 이 해가 임의의 (α, β, δ)값에 대해 정의된 보다 일반적인 메커니즘의 상한계라는 것을 알 수 있다.

부록 8.2.2 상계해. 보강 굴착면

이제 그림 A8.5에 스케치된 것처럼 보강된 굴착면의 case를 고려해보자. 길이 $L = a + b$, 두께 t, 간격거리 s, 수평에 대해 각도 η로 설치된 강관보 세트는 파괴 메커니즘의 상단쐐기를 가로지르고 터널전방을 안정화시킨다. 지금 고려하는 메커니즘은 무보강면 해석에 사용된 메커니즘과 기하학적으로 동일하다. 상계해를 찾기 위해 고전적인 상계분석에 대해 이미 설명된 단계를 따른다. 변위 적합성 관계(A8.9)와 내부 소산일(A8.15)은 변경되지 않는다.

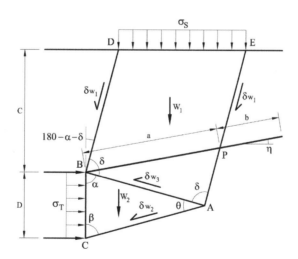

그림 A8.5 상계 계산의 파괴 메커니즘: 보강면, 평면 변형률

그러나 외부일은 수정된다. 가상 변위율 δ_{w_1}(그림 A8.5)은 쐐기 ABDE의 거동에 대항하는 인장력(N_P)과 전단력(Q_P)을 초래한다. 따라서 외부일은 다음과 같다.

$$W_{\text{ext}} = (W_{\text{ext}})_{\text{no beam}} + N_P \delta_{w_1} \cos\mu + Q_P \delta_{w_1} \sin\mu \qquad \text{(A8.24)}$$

각도 μ는 보 방향에 대한 가상변위 방향을 정의한다(그림 8.9 참조).

$$\mu = \alpha - \eta \qquad \text{(A8.25)}$$

보강재에 의해 발생하는 최대 저항력은 강재의 항복조건으로 볼 수 있다. 강 단면의 특정 위치에서 첫 번째 항복이 발생하였을 때를 항복조건에 도달하는 것으로 가정되었다. 완전소성된 강단면이 다소 더 높은 저항력에 도달할 수 있다고 8.5절에서 이미 언급되었다.

일단 이러한 상황에 도달하면 상대적인 변위를 증가시키기 위해 저항력이 일정하게 유지된다고 가정한다. 이것은 보강 강재의 연성 특성과 완전소성 거동에 비추어 적절한 가정이다. N_P와 Q_P에 대한 수식은 이미 구하였다(식 (8.15) 및 (8.16)). 식 (A8.24)를 확장하면,

$$
\begin{aligned}
W_{\text{ext}} &= \delta_{w_1} \frac{sD}{2\cos\alpha} \left[\gamma D\left(\frac{C}{D} + \frac{1}{2}\right) + (\sigma_S - \sigma_T) \right] + N_P \delta_{w_1} \cos\mu + Q_P \delta_{w_1} \sin\mu \\
&= \delta_{w_1} \frac{sD}{2\cos\alpha} \left[\gamma D\left(\frac{C}{D} + \frac{1}{2}\right) + (\sigma_S - \sigma_T) + \frac{2\cos\alpha}{sD} N_P \cos\mu \right. \qquad \text{(A8.26)} \\
&\quad \left. + \frac{2\cos\alpha}{sD} Q_P \delta_{w_1} \sin\mu \right]
\end{aligned}
$$

내부 소산일(식 (A8.15))과 같게 하면 식 (A8.27)을 얻을 수 있다.

$$\frac{(\sigma_S - \sigma_T)}{c_u} = \frac{1}{\tan\alpha}\left(\frac{4C}{D}+1\right)+\tan\alpha - \frac{\gamma D}{c_u}\left(\frac{C}{D}+\frac{1}{2}\right)$$
$$+ \frac{2\cos\alpha}{c_u s D}N_P\cos\mu + \frac{2\cos\alpha}{c_u s D}Q_P \tag{A8.27}$$

인장 수직 및 전단력에 대한 식 (8.15) 및 (8.16)을 식 (A8.27)에 대입하면:

$$\frac{(\sigma_S - \sigma_T)}{c_u} = \frac{1}{\tan\alpha}\left(\frac{4C}{D}+1\right)+\tan\alpha - \frac{\gamma D}{c_u}\left(\frac{C}{D}+\frac{1}{2}\right)$$
$$+ \frac{\sigma_e t d}{c_u s D}\frac{2\pi\cos\alpha}{\sqrt{f\left(\frac{d}{b},\mu\right)}}\left(\cos^2\mu + \frac{3}{2}\left(\frac{d}{b}\right)^2\sin^2\mu\right) \tag{A8.28}$$

그런 다음, $(\sigma_S - \sigma_T)/c_u$는 차원 없는 매개변수와 붕괴 메커니즘의 형상을 정의하는 각도 α로 표현할 수 있다.

$$\frac{(\sigma_S - \sigma_T)}{c_u} = F\left(\frac{C}{D}, \frac{\gamma D}{c_u}, \frac{\sigma_e t d}{c_u s D}, \frac{d}{b}, \alpha\right) \tag{A8.29}$$

식 (A8.25)가 (A8.29)에서 고려되었다.

차원이 없는 매개변수 $\sigma_e t d/c_u s D$는 지반이 제공하는 강도에 대한 마이크로파일에 의해 제공되는 강도를 정량화한 식이다.

$(\sigma_S - \sigma_T)/c_u$의 최소 상한은 각도 α에 대한 식 (A8.29)의 최소화를 통해 구한다. 식 (A8.29)의 미분은 메이플 프로그램을 이용하여 구하였다. 길고 복잡한 식으로 여기에서는 나타내지 않았다. 그러나(함수 F(식 (A8.29))를 최소화하는) 임계값 α에 대한 수치해와 미분방정식 ($\partial F/\partial\alpha$)의 근은 찾을 수 없었다.

해를 얻기 위해 다른 수치방법을 사용할 수 있다. 여기서는 Excel 프로그램에서 사용할 수 있는 solver 함수가 사용되었다. 이를 통해 함수의 근과 최댓값과 최솟값을 찾을 수 있다.

결과는 그림 8.12~8.19에 표시되어 있다.

참고문헌

Anagnostou, G. and Kovàri, K. (1996) Face stability conditions with earth-pressurebalanced shields. *Tunnelling and Underground Space Technology* 11 (2), 165-173.

Atkinson, J.H. (1981) *Foundations and Slopes. An Introduction to Applications of Critical State Soil Mechanics*. McGraw Hill, London.

Augarde, C.E., Andrei, V.L. and Sloan, S.W. (2003) Stability of an undrained plane strain heading revisted. *Computers and Geotechnics* 30, 419-430.

Bieniawski, Z.T. (1989) *Engineering Rock Mass Classifications*. Wiley, New York.

Chen W.F. and Liu, X.L. (1990) *Limit Analysis in Soil Mechanics*. Elsevier, Amsterdam.

Davis, E.H., Gunn, M.J., Mair, R.J. and Seneviratne, H.N. (1980) The stability of shallow tunnels and underground openings in cohesive material. *Géotechnique* 30 (4), 397-416.

Ewing, D.J.F. and Hill, R. (1967) The plastic constraint of V-notched tension bars. *Journal of the Mechanics and Physics of Solids* 15, 115-124.

Galli, G., Grimaldi, A. and Leonardi, A. (2003) Three-dimensional modelling of tunnel excavation and lining. *Computers and Geotechnics* 31, 171-183

Kimura, T. and Mair, R.J. (1981) Centrifugal testing of model tunnels in soft clay. *Proceedings of the 10th International Conference Soil Mechanics and Foundation Engineering*, Stockholm, 1, 319-222.

Leca, E. and Dormieux, L. (1990) Upper and lower bound solutions for the face stability of shallow circular tunnels in frictional material. *Géotechnique* 40 (4), 581-606.

Leca, E., Garnier, J., Atwa, M., Chambon, P., Skiker, A., Dormieux, L., Garnieer, D. and Maghous, S. (1997) Analyse théorique et expérimentale de la stabilité du front de taille des tunnels à faible profondeur. *Proceedings of the 14th International Congress on Soil Mechanics and Foundation Engineering*, Hambourg, 3, 1421-1424.

Lee, I.M., Lee, J.S. and Nam, S.W. (2004) Effect of seepage force on tunnel face stability reinforced with multi-step pipe grouting. *Tunnelling and Underground Space Technology* 19, 551‒565.

Melis, M.J. and Medina, L.E. (2005) Discrete numerical model for analysis of earth pressure balance tunnel excavation. *Journal of Geotechnical and Geoenvironmental Engineering* 131 (10), 1234-1242.

Ng C.W.W. and Lee G.T.K. (2002) A three-dimensional parametric study of the use of soil nails for stabilising tunnel faces. *Computers and Geotechnics* 29, 673–697.

Poulos, H.G. and Davis, E.H. (1980) *Pile Foundation Analysis and Design*. Wiley, New York.

Sloan, S.W. and Assadi, A. (1994) Undrained stability of a plane strain heading. *Canadian Geotechnical Journal* 31, 443-450.

Szechy, K. (1967) *The Art of Tunneling*. Akdemiai Kiado, Budapest.

Terzaghi, K. (1955) Evaluation of coefficients of subgrade reaction. *Géotechnique* 4, 297-326.

Vermeer, A., Ruse, N. and Marcher, T. (2002) Tunnel Heading Stability in Drained round. *Felsbau* 20 (6), 1-17.

Yoo, C. and Shin, Y.K. (2003) Deformation behaviour of tunnel face reinforced with longitudinal pipes-laboratory and numerical investigation. *Tunnelling and Underground Space Technology* 18, 303-319.

Young, W.C. (1989) *Roark's Formulas for Stress and Strains*. McGraw Hill, New York.

저자 후기

사고 사례를 지반공학적 원리에 입각하여 분석하는 과정을 이해하였다면 집필 목적이 어느 정도 달성된 셈이다. 지반공학의 기본 교과 과정으로 편성될 수 있도록 책을 쓰는 것은 쉽지 않았다. 서술된 방법이 자연적 또는 인위적 지반사고를 조사하는 기법으로 활용될 수 있는 동기가 부여되고 기법도 향상되길 바란다. 교육과정에서도 활용도가 높을 것이다. 이 책에서 거론된 사례는 침하, 지지력, 굴착과 같은 기본적인 거동을 다루고 있어 기본 과정을 입문하는 데 도움이 될 것이다.

이 책에서 거론된 사고를 설명할 때 복잡한 수치해석적 방법 대신에 간단하게 수계산*으로 거동 원리를 분석하였다. 역학 원리에 근거한 간단 계산법은 컴퓨터에만 의존하는 현재에 거의 활용되지 않지만, 사멸로부터 보호받아야 할 중요 기법이라는 것이 필자의 의견이다. 간단하게 원리적으로 큰 줄기를 살펴봄으로써 수치해석에 적용하는 모델 선정 오류를 바로잡을 수 있는 유용한 방법이다(6장 참조). 특히 상계 해석 기법은 파괴 메커니즘 분석에 유용하며 비균질 지반에 대한 창의적인 해석이 가능하다(4, 5장 참조).

누구도 실수로부터 자유로울 수 없다. 그러나 지반공학 분야에서 같은 실수가 반복되면 교육과 현업 사이의 괴리가 있는 것으로 간주할 수 있다. 집필 목적 중 하나는 괴리를 좁히기 위해 한걸음을 더 딛게 하는 것이다. 이 책에서 다룬 사고 사례 외에도 다양한 경우를 《Geomechnics of Failure, Advanced Topics》에 수록하였다. 다른 사람의 실수에서 교훈을 얻는 실마리를 제공하였는데, 발전적인 자극제가 되길 바란다. 필자도 지속적으로 의미 있는 사례 분석을 통해 지평을 넓히고 추후 증보판에 반영시킬 것을 다짐해본다.

---

* 원저에는 봉투 뒷면(back-of-the-envelop)에 계산할 정도라고 표현하였다. -역자 주

저자 및 역자 소개

저자

A.M. Puzrin
취리히 공과대학교 지반공학 교수

E.E. Alonso
카탈루냐 공과대학교 지반공학 교수

N.M. Pinyol
국제수치 연산센터(CIMNE) 연구원

역자

조성하
연세대학교 토목공학과 졸업
연세대학교 대학원 토목공학 석사
토질 및 기초기술사
현. (주)다산이엔지 지반기술연구소 부사장

『토질기초공학』(엔지니어즈, 1995)
『흙의 전단강도와 사면안정』(이엔지북, 2007)
『땅밑에서는 대체 무슨 일이? 싱크홀의 정체』(씨아이알, 2015)

문준식
연세대학교 토목공학과 졸업
연세대학교 대학원 토목공학 석사
University of Illinois 대학원 토목공학 박사
현. 경북대학교 토목공학과 교수

『터널 및 건설사업의 갈등관리』(씨아이알, 2018)
『땅과 문명의 어울림, 지반공학』(씨아이알, 2019)

파괴사례로 본 **지반역학**

초 판 인 쇄 2021년 2월 10일
초 판 발 행 2021년 2월 19일

저   자 A.M. Puzrin, E.E. Alonso, N.M. Pinyol
역   자 조성하, 문준식
펴 낸 이 김성배
펴 낸 곳 도서출판 씨아이알

편 집 장 박영지
책 임 편 집 최장미
디 자 인 안예슬, 윤미경
제 작 책 임 김문갑

등 록 번 호 제2-3285호
등 록 일 2001년 3월 19일
주   소 (04626) 서울특별시 중구 필동로8길 43(예장동 1-151)
전 화 번 호 02-2275-8603(대표)
팩 스 번 호 02-2265-9394
홈 페 이 지 www.circom.co.kr

I S B N 979-11-5610-935-8 93530
정   가 20,000원